U0318209

当妈第一年

贝塔妈带娃日记

贝塔妈◎著

煤炭工业出版社

·北 京·

图书在版编目（CIP）数据

当妈第一年：贝塔妈带娃日记／贝塔妈著．--北京：煤炭工业出版社，2016（2020.6 重印）

ISBN 978-7-5020-5193-8

Ⅰ.①当… Ⅱ.①贝… Ⅲ.①婴幼儿—辅育 Ⅳ.①TS976.31

中国版本图书馆 CIP 数据核字（2016）第 019583 号

当妈第一年

贝塔妈带娃日记

著　　者　贝塔妈
责任编辑　刘新建
特约编辑　郭浩亮　袁旭姣
特约监制　朱文平
封面设计　刘红刚

出版发行　煤炭工业出版社（北京市朝阳区芍药居 35 号　100029）
电　　话　010-84657898（总编室）
　　　　　　010-64018321（发行部）　010-84657880（读者服务部）
电子信箱　cciph612@126.com
网　　址　www.cciph.com.cn
印　　刷　三河市金泰源印务有限公司
经　　销　全国新华书店

开　　本　710mm×1000mm 1/16　**印张**　14　**字数**　150 千字
版　　次　2016 年 3 月第 1 版　2020 年 6 月第 2 次印刷
社内编号　8044　**定价**　36.80 元

版权所有　违者必究

本书如有缺页、倒页、脱页等质量问题，本社负责调换，电话：010-84657880

前言

写这本书的原因最初是因为拧巴。不仅是我，似乎身边的所有新妈妈都觉得拧巴。生活突然就变了样，每天的日子都是一手搂着矛、一胳膊夹着盾向前疯跑，每天的日子都被各种矛盾撕碎扯烂，每天都因为这样那样的事儿焦头烂额——夹在老妈和老公间受的那些夹板气、和婆婆的那些说大不大说小也不小的琐碎摩擦、老公万事帮不上依旧活得如未婚小青年一般潇洒。一边是工作一边是孩子，一些事只能"装聋作哑"，渐渐失去了与家人沟通的能力，感觉自己就像一片孤舟行走在当妈这条无尽的长河上。面对这些拧巴，新妈妈一般都会三两成群地在网上吐槽，吐槽和被吐槽多了，不免就想，要不写下来吧，市面上关注新妈妈的书那么少，我们的痛苦和焦虑、矛盾和撕扯该怎样排解或解决呢？

所以最初，我专心写本书的第一部分《生活就是一胳膊搂着矛一胳膊夹着盾》，但日子总会时不时带给我些温暖的情怀，我想这是因为Beta对我的爱开启了我内心中善感的一面。我在Beta身上看见小孩子对待感情直接又坦白的方式，看见Beta对我的爱，看见Beta探索未知世界的努力，感受到Beta对我的治愈，进而也更多地感悟亲情，感悟友情，感悟乡情。于是有了本书的第二部分《爱是疲惫生活中的一缕温情》。

当然，养个娃不是吐槽吐槽矛盾，感慨感慨温暖就能完了的。这个娃娃你要养，不是拿来欣赏，动动嘴巴就能履行义务的。当妈就是要真刀真枪地干：夜奶怎么办？早教班上不上？孩子发育慢急不急？怎么让孩子爱上吃

饭？什么样的程度不算溺爱？孩子的安全问题该如何注意？育儿书上讲的道理我应该信多少……这些内容我边思考边与其他妈妈讨论记录，就有了本书的第三部分《跌跌撞撞，拉拉扯扯向前》。

本书的第四部分，我用二三万字的篇幅、名为《这段无法忘却的时光》的一节，来记录这一年里那些值得我感谢的人——天使般的儿科医生、吃技术良心饭的通乳师，等等。同时，我也用这个篇幅来记录这一年中值得记录的哪些事儿——不得不去“斗争”的月子，不得不断摸索的辅食，疲惫又快乐的周末……

而本书的第五部分《给Beta的每月一信》写于Beta一岁后。此时，我当妈一年的实习期已经满了，很多事情都已经得心应手了，不再那么经常感到疲惫、乏力、无助、孤独、恐惧，于是有更多的时间和精力来感受Beta的成长、思考亲子关系与育儿。这就是这时候，我开始每月给Beta写一封信，在信中将一些思考和感受说与Beta听。

就这样我分五个篇幅写了十一万字来记录当妈第一年的蜕变与成长。希望看这十一万字的你能知道：给孩子当个妈，变化得不只是肚子上的肉缝子、满身的肥膘子、一衣襟的奶渍子这么表浅，肉体的变化只是表面，心里的变化才是根本。当妈的技能也不只是夜来喂个奶、早起做个饭、病时喂个药那么简单，那么多实打实的理论和真刀真枪的实践列都列不完。当妈面对的困难如果只有觉不够睡、钱不够花、劲儿不够用这么简单的话，每个新妈妈都不会感受到那么强烈的撕扯感和无助感。当然，作为一名新妈妈，收获到的快乐也不只有睡梦中的笑脸、出门前的一吻、欢喜时的呼唤那么稀薄，天知道那个小肉球赐给了妈妈们多少对于爱、对于亲情、对于人间温暖的深刻领悟。

我也希望写这十一万字的自己能够牢记这一年的所有一切，不管是心酸还是幸福，是甜蜜还是伤怀。当然，我最希望的是贯穿于这十一万字的唯一主角Beta能够快乐成长，幸福健康。

目录

第一部分 生活就是一胳膊搂着矛一腿夹着盾

第二部分 爱是烦乱生活中的一缕温情

第三部分 跌跌撞撞，拉拉扯扯向前

第四部分 这段无法忘却的时光

第五部分 给BETA的信

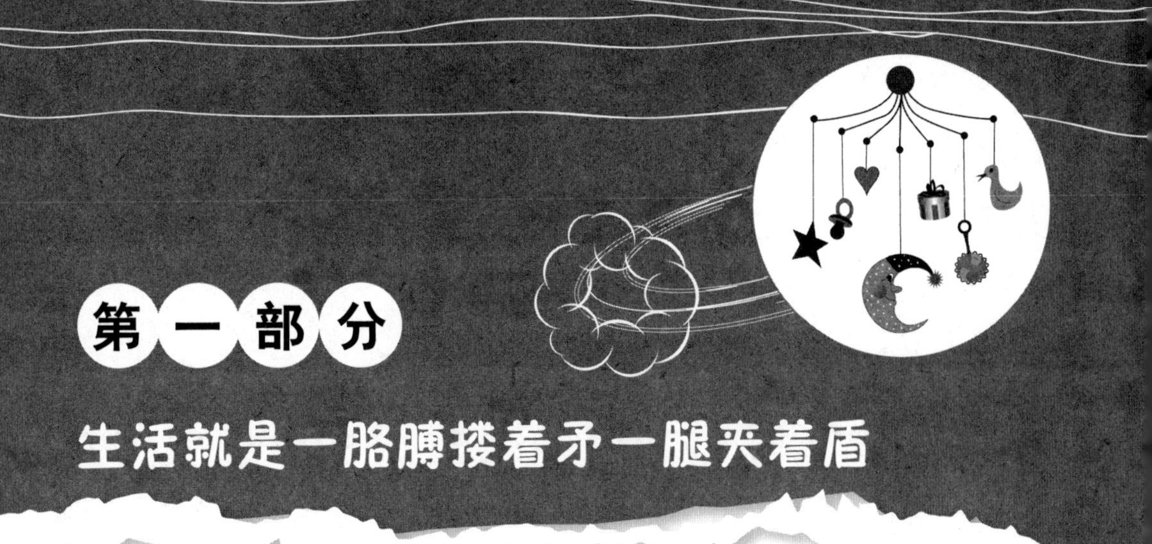

第一部分

生活就是一胳膊搂着矛一腿夹着盾

1.1 从女孩变为女人时

我有一个QQ群，群里面十七八个人，发言活跃的大概十来个。群里面都是女人，大家来自北京的各个角落，有学新闻的文科妹子，也有工科博士现实版灭绝师太，有搞美术的小清新，也有做财务的小算盘，有算计着怎么给公司省钱的人力资源经理，也有盘算着如何打理自家小金库的全职妈妈。白天，我们在不同的大厦做着不同的工作（全职妈妈除外）；傍晚，我们从不同的出发地沿着不同的路线回到不同的小区，却开始着同样的夜生活——带孩子。

是的，这是一个妈妈群，确切的说，这是一个新手妈妈群，群里面的每个成员家里都有一个未满周岁的娃娃。网络把散落在北京各个角落的我们虚拟地聚合在一处，在这样一个集合地里，我们大谈孩子红屁股、吃辅食、坐、站、爬、长牙等育儿心得，男女关系，以及各类家庭矛盾。

这个群里隔三差五就有人来吐槽，包括我自己。吐槽的人多了，渐渐发现大家吐槽的情况都差不多，无非是这几类：老公和老婆、婆婆和媳妇、女

婿和丈母娘。

我先从女婿与丈母娘说起，改天再说婆婆和媳妇。

很久以前，当我还勉勉强强受用得起“女孩”这个称呼的时候，就听人常念叨中国的婆媳关系怎么怎么难处，而女婿和丈母娘的矛盾却很少被提及。可是事实真是这样吗？现在我闭着眼睛就可以给你数出来个一二三四五，都是有关我家那个老女人和那个年轻男人的恩恩怨怨。

数得次数多了（原谅我就是这样到处找人吐槽），自己也在群里面听多了（哼，吐槽的不止我一个），我都可以给这些“破事”分类了。

第一类矛盾源于孩子.

“宝宝的衣服应该用小衣架晾起来，他姥姥怎么可以用大衣架，衣服会被撑破！”

“宝宝的洗澡水要放好再去抱孩子，不然不是白受冻嘛，当爹的怎么这个也不懂呢？”

“怎么还是用大衣架啊，你去说说你妈，我说不合适。”

“这洗澡水就不能放好了再放孩子吗？你老公到底怎么回事，你提醒过他了吗？”

“我……”

第二类矛盾源于经济.

“你妈每次去超市怎么都刷那么多啊？我们还要还放贷，养孩子，得省着点花啊！”

“嗯……”

“闺女，以后家里的钱你管着点儿，不能都让男人掌着，多少留个钱在身边，知道不？”

“嗯……”

第三类矛盾源于生活琐事。

“我昨天说了句她姥姥把拖布水拧干了会拖得更干净，今天我进门的时候，他姥姥边拖 边说刚拖干净又踩上脚印，这是要说给我听的？”

“他平时对你态度是不是不好，嚷嚷你不说还嚷嚷我，一个女人家可不能被他拿住了，不然可要被他欺负一辈子了。”

这三类矛盾有个共同特点，就是都没离开我。对，我就是这中间地带。双方都说，我是为你和宝宝好；双方都说，你去解决。但很多时候，我解决不了——我没法听老妈的，全权掌控家里的财务，然后努力学习“拿住”他，如果细腻敏感的他发现这种变化，难免会引发更复杂的矛盾和争吵；同样，我也没法实现老公的要求逐一更改她的日常习惯，她那么大岁数，做家务不那么细心，有啥事也爱唠叨唠叨，已经形成了长久的生活习惯和固有观念，我怎么可能将这些彻底改变呢？

为了逃离这种“夹板气”的现状，我也尝试了一些努力，比如尝试站队。我的想法很简单，我不要孤军奋战，那就明确地支持一方好了，这样起码能平息一方的战火。

但事实上，事情不是我们想象中的那样。有幸被你选中的一方，他/她会“恃宠而骄”，大有“你终于明白了吧？明白我是对你好了吧，明白了应该

和我一条心了吧！”的意思。因为你和老妈/老公的同阵营，她/他的所谓诉求将不再是他们自己的诉求，而是你们的，不管这些建议是不是有意义、是不是有实践价值。

而那个没被你选中的另一方，他/她会黯然神伤，更多的时候是：你正式的转移了所有火种，老妈/老公的整个矛头，从此转移了指向，更多地指向你。当他们把矛头指向了你，战火才从星星之火发展成了燎原之势。

既然不能站队，就只能周旋，就像所有婆媳剧里面的那个讨人厌的、总是想当万金油的老公那样，像一条哈巴狗，左右讨好，左右逢源。因为所有人都说是为你好，所以你要予以回报，你要用你的赞美，你的讨好，来予以回报。为什么要如此“下作”？我和你一样，觉得这个词并不合适，但，什么词更合适呢？因为如果你对哪一方不讨好，对方就会觉得，哦，原来你站到了另一方。然后等待你的，将同上一段描述中的那种状态。

“我是为你好”是你面对的最大困扰，老公是为你好，觉得你父母给予你的关心和帮助达不到他的预期，你父母的帮忙没有极大程度减轻你的负担，觉得你很累；老妈也是为你好，她觉得老公不够关爱你，他越来越懒，很难想象未来父母不在你身边帮忙后，你一个人如何应对这满满当当的家务事。但你却想说，我不需要你们的这种好，我只需要安静——在我缺少睡眠的工作日，我想安静地做事，安静地午休，安静地走完回家的路，然后安静地陪伴宝宝。因为缺少睡眠，我不想用我电力不足的大脑去思考这句话我该怎么说，老妈才会不多心；那件事我该怎么做，老公才不会觉得是我妈指使的；我不想用我充满乳酸的面部肌肉，去给老妈挤压出一个故作明媚的微笑，去故作神采飞扬地给老公讲一个并不有趣的笑话。我就想那么静静的、傻傻的、慢慢的，却按部就班的，按照自己原本的节奏和安排，过完一天的生活。

但事实上，你无法得到你想要的安静，你要周旋，周旋于老妈和老公之间，像一只陀螺，转、转、转。女婿和丈母娘的问题，因为你的存在，从两个人的问题，变成了三个人的问题，或是整个家庭的问题。

如果可以，你也想用这样的方式解决问题，在任何一方有意见的时候，你都大吼一声："谁是现阶段最辛苦的人？谁是最需要休息的人？"或"谁是孩子的最主要监护人？谁是最有权限拿主意的人？"但你不能，你有年幼的宝宝，他需要的是平和的、有耐心的妈妈，而不是靠吼叫解决问题的妈妈。耐心，是我们在当妈路上不得不学会的一项技能：耐心喂他吃饭、耐心哄他睡觉、耐心安抚他的小脾气、耐心陪他满足那似乎永远也用不光的好奇心。同时你也要耐心地学会与身边各方沟通交流。

"耐心"两个字，说着容易做着难。因为我们已没有精力生产出更多的耐心，那个赖在床上撒娇打滚的奶娃娃，就是一个耐心粉碎机。它吞噬着我们所有的耐心——已生产的耐心、正在生产的耐心、以及即将生产的耐心。你本应是这个家里除了那个小东西之外最应该被给予耐心的人，但现状逼得你，只能成为那个最有耐心的。因为你是那个有任务在身的人："把我的宝贝疙瘩健康养大"。

在这个任务面前，没有人比你责任更重大。所以在你不能改变别人的时候，那就改变一下自己，让自己变得更有耐心：耐心去听老公对老妈育儿细节上的不满，能解释的解释，不能解释的努力调和；耐心的听老妈对老公日常生活的抱怨，他没做到的，能偷偷帮代劳的就代劳。而那种"我最累，我责任最重大，所以你们应最理解我"的理论虽听起来完美，但却不具有可实施性，就当作是一个"执念"忘了吧。

或许我的观点有失偏颇，但是我尽量客观地记录和描述（部分）夹在夹板中间的新妈妈们的感受。如果你遇到类似的人向你发了类似的牢骚、说了

类似的论调，请不要教育她——她也理解老公工作的不易，她也明白老妈为了孙辈放弃自由生活的牺牲，她也深信当妈路上需要更多的耐心和坚持。她只是在这一时刻崩溃了、爆发了而已。不用附和她，来自老妈和老公之外的理解对于她来说，只是安慰，安慰解决不了实际问题；不用帮她出谋划策，所有可行的不可行的、看起来似乎可行的方案们，她不知已经反复尝试过多少次。你需要做的，只是带她去吃一顿合胃口的饭，再去看一场脑子过瘾的电影，逛一趟钱包流泪的街，然后看着她满血复活，各回各家，各自当妈。

1.2承诺中贤良淑德的孩他爸

有一个朋友最近正身怀六甲。正值孕早期的她，每天被孕吐折磨得死去活来。但她并不绝望，她深信早期的早孕反应早晚会过去，她会迎来胃口大开的那一天，就如她深信她的产后生活会无限美好一样。

“难受死我了，孩子生完我就不管了！”她这样和我说。

“不管了？那谁管？”

“我妈和他妈，还有他。”

“这个‘他’是指你老公吗？”

“对啊，我们说好了，我负责生，他负责带。”

“好吧”我不置可否地点头，忽然想起我那好像已经无比遥远的孕期。那时似乎总有人这样和我说“孕期的时光最幸福，好好享受”。在我孕早期大吐特吐的时候说，在我孕中期被各类检查恐吓得战战兢兢的时候说，在我孕晚期低头看不见脚尖的时候说。

那时候的我心里如是说：“鸡汤灌多了吧，这么难受还幸福？”

而现在我无比真心的想和我这位朋友说：“孕期生活最幸福，好好享受。”因为现在的我终于明白这句话的潜台词其实是：孕期是你最后的舒服时光了，记得及时行乐。说得更直白一点：收起你有关产后的那些不切实际

的幻想吧，关于产后做甩手掌柜的幻想还是趁早打消了吧。

在事实的真相还未到来之前，人人都有幻想美好生活的权利。这时候告诉你这些生活的无奈看起来似乎有些残忍，就好比告诉一个年幼的、对生活充满了神话般幻想的孩子“人早晚会死”的真相一样，好比和刚刚新婚还在憧憬郎情妾意美好生活的小新娘说“家家都会七年之痒”一样，好比和刚毕业浑身充满斗志誓要pk掉世界首富的学生说“创业路上尽是死在沙滩上的前浪”一样。于是我也仅将千言万语总结成一句良言“珍惜孕期的幸福”，在对方回复“孕期幸福个毛啊，你鸡汤灌多了吧”的时候，默默地咽下嘴边所有的话。

当我在手机上敲下这段话的时候，与我一路同行的同事手机响了起来，她也是一位新妈妈，打电话来的是她的老公，她老公告诉她今晚上有应酬不回来吃饭了。

“和单身小伙一样潇洒”，同事挂了电话后有些不高兴，“你家的呢？”

“我家的？我家的不这样。”

“那挺好啊，看来我回去得教育教育我老公了。”

“呵呵，他不想打电话来惹我烦，要去哪儿都是直接去的。”

“这个……”

“月底我们结婚五周年，但他定好了那天去同学家玩，这件事他都没有事先和我沟通过，这还是我和他闲聊别的时无意间说到的。”

“或许他忘了？”

“也许吧。春节的时候我们说宝宝小，没法好好过节；我生日的时候他也总是加班，当时经济紧张也没有钱买礼物，一直说等结婚五周年的时候好好过一下。”

“你没有问问他？”

“没问，就算问了，他也会说都老夫老妻的，有啥过的。”

“特殊的日子好好陪陪你也是应该的。”

“唉，他会总是说，有儿子陪你呀！还不够吗？”

“在男人的眼里，按时往家拿工资就是合格的好丈夫了吧？”我们的对话结束在这无可奈何的反问中。

纵观身边的新妈妈，对新爸爸不满意者十有八九，是大家都在恋爱时候眼拙牵了头渣男回家吗？不完全是。到底是有好男人、好的孩儿他爸。只是有些新爸爸不给力或尚未适应新的身份责任。

这些新爸爸令人不满意的行为有：孩子半夜夜醒一手不伸，有了孩子依旧潇洒得如单身小伙子一般，屎孩子的屁股一把没摸过，和老婆抱怨自己得到的关爱少了，对家里凌乱的环境指手画脚但依旧十指不沾阳春水……

上述各点除了夜醒，我家的这个新爸爸其他方面倒也尚可，起码使唤他还是会做的。我面临的问题是，在那个叫做孩他爸的男人眼里，我突然化身铁娘子，从身体到心灵。我不仅铁到可以一手夹起娃直奔早教班，还似乎坚强到不需要他的任何关怀照顾。

请容我简略陈述这个一地鸡毛的故事，作为我上述观点的佐证。

母乳妈妈都清楚，比夜醒喂奶更可怕的一件事是乳腺炎。这种体温秒上42度的病，真是极大程度挑战人类身体极限。我从母乳至今这十个月，有幸亲身体会了三次，第一次是在月子里，第二次是在产后刚上班的时候，第三次是最近。

可能是前两次发炎的时候，咬着牙拖着40度的身体哄宝宝睡觉的形象太过爷们，以至于最近这次发炎，当我告知Beta爸晚上早些回来以备差使的时候，他的反应竟然是：我觉得我没有回去的必要，因为我不知道我回去能做什么。

那一瞬间，我火冒三丈，脑补了他一口黑血倒在我脚下的残暴画面以

泄愤恨。但一秒钟后我意识到这是不可能的，不仅因为我人在回家的出租车上，更是因为现在的我连吸气都很困难。

彼时，我非常想告诉他，他回家能做的是，在我还活着的时候抬我去医院，在我死掉的时候抬我去殡仪馆。但这些话我最终没有说出口，因为即使病至如此，我依然（文艺又矫情的）认为，有些事还是要靠自觉的，若要靠如此恐吓威胁才能唤回家里，不如不回。

最终，他还是感觉到了事情的严重性，比平时提前了一小时回来，有幸目睹了我吐到肝肠寸断的惨状，有幸看见了我烧得血红的双眼，有幸见证了我无法直立行走、几乎爬行向前的时刻。

故事讲完了。总觉得好像没完对不对？你肯定想问，然后呢？

然后就没有然后了。要不然呢？

难道我应该在故事的最后追问：那个婚前买了胃药和牛奶屁颠屁颠送到你楼下的男人，那个孕前一大早起来炖了甜汤美滋滋地端到你面前的男人，那个孕期承诺要当好超级奶爸的男人，到哪里去了吗？呵呵，不好意思，他到亲子广告中去了，回到记忆中去了，躲进承诺中去了，仅留下缩水版的身影于现实中。

故人已乘黄鹤去，而我却不知归期。罢了！既然爱情的激情与伟大的宽容在时间的消磨与日日的相视中早已退去了原来的样子，那就不要执意回到当初，现在也是一种和谐的相处方式。但并不是说，一个家庭的幸福指数绝对是由女人的忍耐和牺牲决定的，只是希望放弃那些爱情幻想中的不切实际，才是生活稳定的唯一法宝。

所以我说，记忆中那模糊的完美男人，承诺中那贤良淑德孩儿他爸，安息吧！新妈妈崛起吧，这带娃漂流的大史诗开始了！

1.3不得不提的婆媳话题

关于婆媳话题上文已提到，但我却拖了很久都没有动笔。因为在我看来，这个话题实在难写，因为作为婆媳中的一方，有时候很难客观公正。

而且这个话题很容易引来口水和臭鸡蛋。除非我通篇都在唱婆婆的赞歌，否则一定会有人这样说：“你一个女人家，你理应贤良淑德。针对婆婆不是给老公找麻烦嘛，他养家赚还不够辛苦吗？你让让婆婆怎么了，你在家也和自己妈针尖对麦芒吗？”

再者，本人和婆婆沟通并不多，相关经验也十分有限。但我最终还是决定要写一写，有失公允也罢，很难客观也罢，当妈的第一年，婆媳话题总归是避免不了的。

我和婆婆相处时间不长，唯一长时间接触是在孕晚期，我因先兆早产在家休息，原本是自己照顾自己，但孕七月时宫缩频繁，特别是上下楼以及炒菜做饭的时候，老公担心我及宝宝的安全，就请来了婆婆。

我对这次会晤原本不抵触不惧怕。孕期的女人么，总是自动调成骄矜模式，心中有“你是来照顾我的，当然不会找我麻烦”的优越感。但后面的相处是否没有想象中那么简单。

婆婆这次来家，一共住了14天。说实话，这14天对我来说有些煎熬。婆

婆从老家带来年糕，每天早上放到粥里面熬一熬当作早饭、午饭、晚饭。这是她作为老人家的口味，我原本没好意思拒绝。但吃了几天之后发现，孕晚期胃部被压缩，吃这种不消化的粘食确实难受。

于是我委婉的和老公、婆婆表达我的意思，“我可以接受早饭吃年糕，但不要顿顿吃年糕，好吗？”不知道是我表达的太过委婉，还是婆婆认为年糕还是最合适孕妇食用的主食，总之后面依旧是顿顿年糕。

那些天，我每天都要在饥饿和难受中选择。你会说，你可以自己做饭啊。是的，虽然我有早产迹象，但小心一点自己简单做点吃的还是可以的。可此时此刻我无法自己做饭，不是体力上的不行，而是心里上的不敢，因为我怕婆婆这样想：“我千里迢迢的来照顾你，你反而不吃我做的东西，是看不起我还是你太娇气？你到底是什么意思呢？”

所以在我拒绝吃年糕的时候，出于对婆婆感受的考虑，我也不敢直接说出“年糕我吃了难受，我要吃别的”，而是说“妈我不饿，我不吃了”。或许这就是婆媳矛盾的一个主要原因，因为这种后天亲人的天然壁垒，有些事儿无法讲透、很多话无法说破，而这些没有讲透的话、没有说破的事儿并不会凭空消失，它们会一直堆积在生活里，渐渐的积攒成不爽、不适、不可调和。

这种不适感不仅出现在“忍受”的一方，“施动”的一方也会感受到，所以婆婆才会在来了14天后，就主动张罗着回家。婆婆走后，我又开始了自己照顾自己的日子，每天下楼去买菜，下楼走几步就有菜市场，这一上楼一下楼的运动量，我每天就要花掉45分钟时间。即便如此，也依旧会在每天上楼的过程中感到阵阵宫缩。但即便如此，我依旧觉得，如此疲惫又提心吊胆的日子，也远比婆婆在身边照顾时过的轻松。起码我只需要照顾我自己的感受，可以按照自己嘴巴的需要决定饮食。内心的舒适和放松才是真的轻松。

最近老公的姐姐怀孕，作为过来人，我时常和她聊些注意事项以及身

体上的状况，也断断续续的听她吐了一些婆婆的槽，不外乎是姑姐要吃牛肉烧粉丝，做出来的是白水粉丝汤；姑姐说早孕反应难受，婆婆说你这就是矫情、我那时候怀着孕还得下地干活……

然后姑姐和我说，“有这样一个不知道顾忌孕妇心情和口味的老妈，我是不是很倒霉？”我无言以对，不知道该说什么。我能说点什么呢？附和着她批评婆婆？我想情商正常的儿媳妇都不会也不敢这么干。

不能批评婆婆，那么批评她？“妈妈说的都是事实啊，有什么说不得的。孕妇也不是没有手脚，要吃牛肉粉丝为什么自己不能做？”是的，这是道理，但我却说不出口。这只是桌面上的道理，摆在桌面的道理，都有理。但除了摆在桌面的道理，还有桌面下的人情。这里的人情指的是温情，结合到上面的故事，那就是——你是我的妈妈，就算全天下的人都觉得怀孕是我自己的事我应该自己照顾自己，你也应该是那个唯一不这样想的人，不然我还能在这人生最艰难的时光指望和依靠谁呢？我难受不是装出来的，即使我现在的难受不如你当年的一半，这也是迄今为止我经历的最痛苦的时光，是不是可以给我些温情呢？不然有人该说，你看你的亲妈都觉得你娇气呐。

我说了这么多，说我孕期和婆婆打的交道，说姑姐孕期婆婆的反应，不是为了黑婆婆、为了说她是一个多么不懂得体恤别人的人，说这些只是为了引出我的结论：大凡媳妇碰上婆婆，我们多半会用一个先验命题来扣帽子，那就是——你对我的一切行为皆因你是婆婆我是媳妇，谁让我不是你闺女呢。殊不知，婆婆的行为多半是她自身的性格或观念使然，对你严厉的婆婆对女儿也不见得温柔，这就是她的性格，有时候她们并没有故意想要刁难。

大家庭生活本身就是一笔糊涂账，因为生活中的事情，哪有那么多道理可以讲？因为家里的事情，对与不对的判断标准就很模糊。家可以是讲爱的地方，讲奉献的地方，讲妥协的地方，讲沟通的地方，甚至是讲独裁的地

方，但单单不是一个讲理的地方。家里的事情哪有那么多的对与错，站在谁的角度就是谁对，其实换个角度想一下，就能理解彼此。

在我看来，这婆和媳之间的矛盾，首先是年老女人与年轻女人之间的冲突。20几岁的年纪差，说得夸张些，三观基本都不一致。多少姑娘和自己亲妈多住几天都抓狂，何况是一个认识没几年的且长期当作假想敌的婆婆。

这婆媳矛盾，更是一家二主的地位抉择。说白了就是到底谁是这家的女主人？入住方都有“篡权”的意思。如果是婆婆入住儿媳妇家，婆婆会想我是长辈，生活经验也比较丰富，还是要听我的。如果是媳妇入住婆婆家，媳妇会想虽说我是晚辈，但我是孩子妈啊，新生代主力主妇，这家还是多听听我这年轻人的意见吧。

当然，这更是挑战人类极限的迅速破冰。多少对小夫妻，婚后单独另过，只是逢年过节回家看看，和婆婆一直保持着礼貌客气的关系。更有一些人在外地的小家庭，甚至几年没和婆婆打过照面。原来君子之交淡如水，现在怀了个孕生了个娃，突然要一脚跨过来就要从陌生人变成亲密的战友和母女，这破冰的速度，搁谁谁都搞不定。

所以啊，婆媳这打不明白的糊涂仗，就叫它糊涂下去好了。不然呢？要揪头发抓脸大战300回合吗？战完了呢？还不是要进同一扇门、带同一个娃、吃同一锅饭。还不是要继续相守相杀。罢了，还是糊涂日子糊涂过为好。

1.4成为有情怀的女人

终于，我也成为了一名很有情怀的女人。这里的情怀不是雨天寻残荷，大雪里找梅花儿，也不是读着《春江花月夜》哄儿子睡觉。我的情怀是说，我可以忍着一肚子的怒气与儿子微笑挥手，与惹我暴怒的人并肩出门，心中虽有想踏上亿万只脚将其批倒批臭的波涛，却因“算了，甭提了，说了也没用，还会适得其反”的想法故作平静。

按惯例，话说到这该吐槽了。

Beta有一位细致、固执、坚持且暴躁的爸爸。我不知道这个评价是否公正客观，这里的公正客观是说，我不知道其他人是否和我的观点一致；但站在我的角度，这个观点是公正客观的，这里的公正客观是说，对Beta爸爸做出的评判绝不是一时兴起——作为Beta妈妈，我无时无刻不这样认为，不管是耐心陪着Beta捡球、给我们看到他慈爱一面的时候，还是对着家里的琐事挑剔、对家里人吆五喝六的时候，我都坚持认为，Beta有细致、固执、坚持且暴躁的爸爸。细致是说，事无巨细他都有自己的标准；固执是说，他永远都在坚持着自己的标准体系；而坚持是说，他不断的、不遗余力的向别人推销兜售自己的价值体系；而暴躁则是说，一旦推销兜售不成，必然会是一场疾风骤雨。

这不今天早上上班出门的时候，就发生了这样的一件事情。因为Beta爸爸上班比我晚，每早Beta都会被爸爸抱出门和妈妈一起走到小区门口，然后在小区里玩一圈再回去。今天出门前我发现手机插在移动充电器上，看起来手机电量较低。要不要拿移动电源出门？我脑子里快速的盘算着这件事情。“要不要带移动电源”，这看起来只和我有关的话题，在我家并不如此，因为Beta爸是一个“细致”的人。移动电源不是我插上去的，那显然是Beta爸插上去的，所以是否带移动电源，涉及到“他是否希望我带”这个话题。您会说，你活得怎么那么怂，带不带个电源，还要看人家脸色。是的，有了孩子后，我就活得这样怂，我不想在小事上惹到这位暴躁的爸爸，我不想让我的宝宝听见太多的争吵。如果通过我的“怂”可以避免掉一些争吵，我愿意牺牲我的想法去迎合对方来给宝宝换取更平和的环境，谁叫宝宝有着一位“固执又坚持”的爸爸。

要不要带移动电源？我快速的盘算，我盘算的不是我是否应该带着它，而是盘算着，我是带着它不会“惹事”，还是不带不会“惹事”。这时候Beta爸爸已经抱着Beta等在门口了，Beta也不断示意我赶快到门口去。问他一下，本是最好的选择，但考虑到Beta爸爸“暴躁”的特点，我得到的反馈多半是这样的咆哮声——“不带我给你找出来干啥？”或“带它做什么，重不重啊？”Beta已经被抱在他的手上，他还没有到能完全理解说话内容的年纪，但却可以完全理解谈话的口气，抱着自己的爸爸突然大喊大叫，我担心会吓到Beta。

于是我快速的拔掉移动电源把手机塞进包里，其实对于我来说，这两种选择是一样的——快速拔掉电源塞进包里，或者快速的把电源一起塞进包里，总之不要叫他看见我在做一个什么样的动作，这样即使我的动作与他的期望不一致，也不至于听到他的喊叫。但我的动作还是不够快，在我拔掉电

源的那一刻，我终于还是听见来自于Beta爸爸的狂吼——“你手机没电了，我特意把电源找出来给你用的，你怎么不拿着啊？”

我并不多话，顺从的把电源丢在包里面，抱起Beta下楼。到了楼下，Beta爸爸酸着脸示意我赶紧上班，我看了眼基本吓傻了的Beta，想了想还是说了出来：“以后不要当着孩子的面吼，孩子小，会吓到”。

之所以要想一想，是因为我知道，以Beta爸“坚持且固执”的程度，他一定会大声的、吼叫着反驳。但不说，看着儿子那受惊的小眼神，我真的憋不住。

果然，等待我的是怒吼，“我看你手机里面没电了，想着你路上要用，还特意找出移动电源来给你用，你凭什么不拿着？我知道你这几天心里不痛快，但是你过分了，没有你这样对孩子的……”

他说的这几天我不痛快，指的是这件事：这几天我生病，每每Beta找我抱，他都会把Beta接过去，然后对其大声说教：“妈妈病了，病了的时候你不能叫妈妈抱，你病了的时候不也玩不动吗？妈妈病了也需要休息”，而如果Beta继续大哭不止，他就强制我离开Beta的视线。

我从心里不喜欢这样隔离式的方法，觉得会破坏孩子的安全感，他需要妈妈的时候，在他大哭着呼叫妈妈的时候，妈妈就这样的走开了。他还处于看见才认为存在的年纪，看不见就认为消失了，妈妈就这样在不该消失的时间消失了，小小的心里该充满多少恐慌，后面只会更加依恋妈妈、缠着妈妈。

但我无法反驳，首先我没有Beta爸力气大，在Beta还不能跑不能走的年纪里，对孩子的争夺更多拼的是大人的蛮力；其次我深知，只要我反驳，Beta爸就会向我吼，或者摆出一副臭脸，Beta看在眼里，心里面一定很恐慌，而我不能吼回去，我不能叫Beta受到二次惊吓。

退而求其次的做法只能是顺从，就像早上的移动电源事件一样，前几天

强制我离开Beta视线的事儿，我最终选择的也是顺从。顺从的做法，虽然会叫Beta觉得自己有个软弱无能的妈妈，但至少可以使Beta少受到一些心灵上的伤害，是我能想到的最委曲求全的做法。但这样的做法是有后果的，这个后果就是，他总是单方面的宣布自己的胜利，不仅沾沾自喜，批评你的育儿观念，还一副得胜还朝，马上就要全面体制改革的架势。 这就是他上文中说的“没有我这样当妈的”“过分了”，言指我溺爱。

后来，我就这样在他的吼叫声中亲了亲Beta，和他说了句“宝宝乖，宝宝不怕”，然后无奈的去上班。当妈这一年，我渐渐的成长为现在的模样——有容，就和鸡汤里面宣讲的一样：大事化小、小事化了、尽量不讲道理、睁一眼闭一眼、万事能容。这样做的直接后果是，道理都在别人手里。对于别人的意见，除了悦纳，你没有更合适的姿态和选择——纳是不得已而为之；而悦，则是为了Beta，如果不是为了给Beta营造一个悦的环境，那还不如趁早来个撕X大战。

就这样，我从一个希望讲道理的人，变成了一个没有道理可以讲的人。从前之所以讲道理，是不想看见那些文过饰非、颠三倒四的场景，而现在之所以没道理可讲，是因为有那么一个小肉球，无法承受那些撕掉饰非的文时所使用的暴力、摆正三四时所用的蛮劲。

我可以一直这样有容，如果能为儿子赢得一个良好环境的话——什么尊严、什么面子、什么话语权、什么心理感受，和给儿子一个良好环境相比，这些就是个屁。

但总有靠“有容”也解决不了的问题，或者说，总有无法姑息纵容的原则性问题，比如让Beta面对太多的吼叫与臭脸，就是我无法忍受的原则性问题。每个妈妈，都在这并不安稳的世道，生活于一个并不安稳的城市，在一个不算安稳的家庭里，用一份不能称之为安稳的收入，小心翼翼的、步履艰

辛的维持着一份看似幸福和安稳的生活。她们觉得自己唯一能给孩子的，是一份安稳的母爱，而这其实也是奢望——既然孩子不是你一个人的，那么你给孩子的爱就不仅仅只命名为“母爱”，很多人给它赋予其他的含义，比如在孩子爸眼里，母爱是“我老婆爱我儿子的方式”，在你希望他的方式向你靠拢的同时，他也盘算着如何将你同化。更何况什么爱都离不开大环境，这小小的家，就是这小小人儿的大环境。没办法，有些X总是要撕、有些架总是得吵，有些权总是要争，有些人总是要骂。

容与不容，看的真不是当妈的气量。

1.5避孕是谁该关心的事

我的新手妈妈群里，最近掀起了一阵血雨腥风。

这只是夸张的表达，翻译成正常的语言是：最新我们群里因为一件事情展开了一场热烈的讨论。

事情是这样的。群里面有个妹子吐槽了自己的烦心事：剖腹产后7个月的时候意外怀孕，产后9个月的时候做了人流，如今产后11个月，再度确认怀孕。之所以会这样频繁怀孕，是因为妹子的老公不注重安全措施。

我不知道其他人是什么样的感受，这件事给我的第一反应就是气愤。气愤的原因自然是对当事人心疼，我们虽未谋面，但已在网络上十分交心。同时我的气愤也有另外一层意思，那就是自我角色的代入感：因为我是女人，出于同类对同类的惺惺相惜，我心疼那个姐妹，可以说，我心疼的不只是那个姐妹，而是天下所有的妈——拖着一个奶娃子讨生活已经够辛苦的了，还得时不时的担心肚子里面会不会再出现一个？如果再出现一个，还得考虑是舍还是留。这得多少精神头和体力才能操的完这么多的心！

在这里我不得不科普一下，因为善良软妹子会说："为什么不生下来呢？这是无辜的小生命"，理智小男生也会说："拿掉吧，哪有钱来养啊"！其实，不管是生下来还是拿掉，都是很难的抉择。当年生完孩子出院

时，医生给我检查了剖腹产的刀口，并向我强调，严格避孕，两年内都不可以再次怀孕。不仅是我，我相信所有剖腹产妈妈都会收到了这样的忠告。这也是我前面强调这是一位剖腹产妈妈的原因。子宫上的伤口需要两年的时间才可以修复，两年内如果意外怀孕，不管是生下来还是打掉，对于母体都是极大的挑战。而哺乳期因自身激素水平的变化，特别容易受孕，这也是很多人多年求子不得，生了一个后反而熊孩子一个拉着一个都来了的原因。所以，对于剖腹产妈妈来说，产后怀孕不仅是事儿，还是大事儿。这位妹子产后9个月流掉一个已经是冒着巨大的风险，现在再一次“摊上这事儿”，绝对不是“拿掉呗”或“生下来”这么简单。

这也是这件事情在群里引起如此高关注度的原因。除了帮她分析去留，提醒她注意身体、关照她要自己拿主意不要被夫家人的意见所左右，我们也想给她一些建议，在未来生活中再遇到类似情况的时候如何应对。这就是我开篇说的血雨腥风，一场热烈的讨论。

群里面的姐妹的观点大致分为两种，一种是哀其不幸，另一种则哀其不幸之余，更多的是怒其不争，我属于后者。哀其不幸者认为，这只是一场意外事件，如果你有一名不喜欢避孕工具的老公，你多多少少都会有摊上这事儿的可能性，摊上了也就摊上了，没有办法，我们能做的，只能是同情她，安慰关怀她；而怒其不争者认为，这是一场事故，是疏于防范所致，是事故就有责任方，我们不能说这一定是哪一方的责任，但我们不能因为男方不喜欢避孕工具就让这种本可以避免的悲剧成为事实吧？妹子过于顺从与绵软的性子，让男人忘了自己也有避孕的责任，是这场悲剧的主要原因。

与其说这是一场针对“避孕这件事，到底应该是双方的事情，还是女人自己去考虑的问题”的辩论，莫不如说是一场针对“女人到底要不要过得这么怂”的辩论。辩论的双方一方是理想主义，一方是现实主义。理想主义认

为，我们是新时代的独立女性，连自己的身体都不能完全做主，哪里还配得上“新时代”这三个字？那样的日子和旧社会奶奶辈的女性们的日子有何区别？

而现实主义认为，理想主义是受了女权主义思想的毒害，忘记了一个事实：在中国，男女地位到底是存在差距的。要不然，为什么家务事多是妈妈做？同是上了一天班，爸爸回家就喝茶看电脑，妈妈回家就要洗衣服做饭带孩子收拾屋子？这就是现实，你讲新时代，讲女权，女字只是修饰词，核心的主语是权，所谓权，是自我控制和自我决定，可是纵观整个人生，有多少事情是我们自己能够控制的？哪些事情可以脱离得了大环境，在我国的大环境下，男人们和相当部分的女人都认为，女人是弱方，是维稳方，是保障方。作为保障方的女人，自然要保障该有的有，该没的没——什么是该有的，孩子的热饭、男人的干净衣服、整洁的家内环境，是该有的；什么是该没的没，肚子里这多余的娃，就是该没的。

我们的争论并没有结论。这很正常，谁也不可能和谁长着同一副脑子。而且每个人所处的环境所面临的境遇也是不一样的，争论对当事人并没有多少参考意义。我们每个人的观点，其实更像是在说：这事儿如果我摊上，我想怎么办。

其实我想怎么办，这个事情本质上是一件不值得讨论的事情，因为每个人摊上这事儿的做法都不相同，我想怎么办并不会成为你该怎么办的参考。这不仅因为我们没有长着同一副脑子，也是因为我们不生活在同样的家庭，各有各的情况：小鸟依人温柔体贴的，总会找到理解老公的切入点；而大气独立女王风范的，为此将“离婚”挂在嘴边也未可知；老公在家里能顶半边天的，肯定比只占地方浪费粮的更容易得到原谅；而原本夫妻感情就不好的，这事儿说不上真就能成为压倒骆驼的最后一根稻草…

你看，这本身就是一家一个样的事儿，讨论想怎么办其实没意义。聊点

什么有意义呢？我觉得还是下面这句话是干货，那就是：前面的讨论都是站在“男人要承担起避孕责任”这一基础上的，但其实，在这一“认识基础”之外，有着更重要的“物质基础”——我们的身体，就是我们最重要的物质基础。不管别人怎么样，身体是自己的，与其寄希望于别人来保护你，还不如自己保护好自己。

1.6五维空间整理术

如果说吵架是一种减压方式，那我们家最近恐怕将这种减压方式使用得过于频繁。这不今天早上，我们刚刚因为几个塑料盖子吵了一架。这几个塑料盖是宝宝游泳池的充气盖子，宝宝游泳池其实就是一个占地1.5平米左右的大充气篓子，边缘和底部可以充气，充起气来里面放上水，宝宝就可以在里面游泳了。Beta以前经常用这个充气泳池游泳，现在他大了，呆在里面不能游泳只能泡澡，也就很久没有用过了。最近Beta迷恋玩球，就给他买了100个海洋球放在这个充气泳池里面。充气泳池一共四层，考虑Beta的身高，装海洋球的时候只充起了两层，这样比较方便他站在外面拿球，这样就有两个充气盖子闲置。Beta爸随手将这两个盖子丢在了阳台上。前几日收拾阳台，我将盖子当作废品扔掉了。Beta爸今日想起这两个盖子，想把它们收起来却找不到，一问是被我扔掉了，有些不高兴："什么东西都扔，也不问问我有用没用？"

当时，我看他又要跟我争论一番的样子，就没有理他。一方面，我确实是忘记了这两个盖子是有用的，是我的疏忽在先；另一方面，我真的没有时间和他打嘴仗，现在的日子真是一个忙乱了得。

自从把Beta这小东西拎出肚子的那天起，不只是我，我们全家都过起了

异常繁忙的生活。人影攒动，每一天，每一块地板都被无数次的踩上踩下，每一扇门都不停地进进出出。刚刚脱下尿湿的裤子，就要去擦掉到地上的护臀霜。这边刚刚捡起勺子，那边就掉了奶瓶。每一天，每个人都被那么一个不足25斤的小东西差使得人仰马翻。

工作日的早上是繁忙的，六点半小祖宗醒来，要给他做辅食，喂早餐，换尿裤，安抚他的起床气。相比之下，自己的早餐倒是可有可无的非必要选项。工作日的晚上也是繁忙的，要抱，要唱，要哄，安抚这一天没见妈妈的小伤感。更多的时候要赖在我身上，要听故事，要抱抱，要和妈妈片刻不离。周末也不能幸免，周六上午去游泳，下午去公园，周日下午去上早教课，有时想想，孩子才这么小，外事活动就如此丰富了。作为首席保姆的妈，自然全程陪护。唯一有可能干点什么的时间就是周日上午，但也多半不是自己的事情，有更多他的事儿等着我，比如将他穿小的衣服洗洗晒晒后收起来啦，比如要给家里的边边角角贴上防撞条啦，比如收拾玩具、擦地垫、下载儿歌或背诵新故事啦，这事儿那事儿层出不穷，事事都有“不管你唱罢没唱罢我就是要出场了”的劲头。

忙还好，现在的情况是忙后面跟着一个乱。遥想当年Beta小，百天之内多半躺着，一张小床，几件衣服，一袋纸尿裤，几张口水巾，一个床铃，一个腰凳，一辆小推车，几个奶瓶，一个暖奶器，一个消毒锅，全部装备大致如此，除了推车，其他东西折一折海可以塞进一个大背包。那时候Beta连个衣柜都没有，所有衣服和口水巾折好后堆在小床上，左边一摞，右边一摞，连个整理箱都用不到。如今之势和当前不能同日而语了。不说别的，单他穿小了的衣服就可以塞满一个大整理箱，更别说他那些五花八门的玩具：练习蹦跳用的，练习爬行用的，能开的和不能开的车，敲着响的或按着响的小鼓，手动的和电动的小号，各式各样的积木……这会儿又进了100个海洋

球。小家伙的地盘也从一张小小的婴儿床扩张到了整个卧室，最近大有吞并客厅之势，大半个“江山”怕是要被他占领了。

所以您说能不乱么？东西不仅多，而且还会越来越多。因为东西在以迅猛的速度更新换代，买的的那些东西，大多玩不了多久就失宠了。要么是对玩的东西不感兴趣了，要么就是个子高了长胖了，原来的玩具装不下他了。这些东西扔了可惜，卖二手又不上价，身边也没有朋友需要，只能这样收着，等待后来人。收着的东西多了，收纳就成了一个问题，这也放地下室那也放地下室，小小六平米的地下室哪里承载得了这么多的重任。这时候的新妈妈就要好好学习一下收纳整理，以便充分利用空间。

当有一天我意识到每天都在大量扔东西时——扔掉一些不知道后面会不会穿的衣服、会不会看的书、会不会用到的卡片之类的东西——我知道我在用最笨的方式反抗空间的杂乱和时间的挤压。我的逻辑是：空间大了自然可以好好的收纳东西，东西收纳好了找东西自然会省时间，时间多了自然可以好好收纳东西，东西收纳好了空间自然就显得整，家里整齐有序了心情也会随着变好。

刚才提到的吵架，就是在这样的背景下发生的。之所以不回嘴，很大部分是我的问题。真的搞不清楚是在何时以何种心态丢掉泳池盖子的，为什么要丢？出于什么样的考虑？我都不记得，好像每天烦乱了之后，就只能丢、丢、丢。但东西是丢不完的，一些必须用的但很占空间的东西，就往往成了我的心头恨，比如推车。

推车这东西，放在房间里占地方，放在楼道里放不下。我家所在的老旧小区，一楼门洞里面有24户，有孩子的人家不下15户，楼道早已被各式各样的童车填满：手推车、伞车、三轮车、儿童自行车，等等。哪里还有地方存放我家的推车？每次经过这楼道，仿佛看到自己的未来生活：手推车只是第

一阶段好不好，后面还有伞车，伞车后是三轮车，三轮车后跟着就得买自行车、脚踏板、轮滑鞋……我这拥挤和混乱的生活，看来是永无翻身之日了。

每一次收拾东西都是一场扔东西比赛，而每场扔东西比赛都是斗智斗勇的过程——我将东西扔出去，老公把东西捡回来。他说你怎么知道今天丢掉的东西明天会不会用到，我说他不带娃不知空间小，不哄娃不知时间少。事后，我们不得不把争吵的源头指向空间的狭小、经济上的拮据、空闲的时间太少。

空间、时间、钱，原来人不是三维生物，而是五维生物。原本我以为四维空间只是一个传说，传说四维空间中，时间和空间可以相互转换。现在的我更认同五维空间下的真理应是这样：时间、空间、钱可以相互转化。时间多了可以美化加大空间，空间多了可以节省时间，钱多了可以加大空间和节省时间，而节省的时间可以创造更多的物质财富，加大的空间可以使你进一步节省时间，进而有时间创造更多的物质财富。原来这才是人间真理。

前一段忙里偷闲看了《星际穿越》，这种科幻题材的电影一直是我的心头大爱，总是能牢牢抓住我的思路，让我片刻都不游离。但这次影片中说“爱是贯穿五维空间的一种超能力”的时候我却走神了，在心里弱弱的和自己说，“不只有爱，还得有钱，不然哪来的飞船和补给呢？”

1.7职场向左、全职往右

最近有一位妈妈面临着这样的困扰：出于一些无法克服的原因，宝宝的姥姥姥爷无法继续待在北京帮带孩子，而因为宝宝爷爷的身体问题，爷爷奶奶也不方便过来陪伴宝宝。这位妈妈面临着一个选择，要么请父母将宝宝带回老家养育，要么自己离开职场回家全职带娃。

她在群里面征求大家的意见：回家，孩子可以留在身边，但少了自己的那份收入，在京买房置业的计划就要延期；工作，孩子就要被老人带回老家，就要面临母子分离的心痛。不想离开儿子，也想要原本属于自己的那份收入，纠结就这样来了。

全职不全职、如何处理两代人之间的矛盾、如何面对疑似出轨的老公，以及如何解决睡眠严重缺乏、体力严重不支的问题是新妈妈群、妈妈论坛上最为热门的四大问题。相比于这些，如何减肥、如何消除妊娠纹，根本就不叫事儿。

在我看来，这四大问题中，最难抉择的就是这全职问题。因为其他几个问题都有明确的努力目标。虽然并不清楚该如何达成目标，但毕竟有一个明朗的方向：我希望家庭和谐，要努力调整婆媳（女婿丈母娘）关系，要找到当前关系不融洽的关键点，然后努力去改善它；我希望能够把老公留在家庭

中，是我对他疏忽关心还是他自我角色没有调整过来？搞明白了然后去改变它；我感觉身体状态日益变差，这样下去不行，为了孩子我需要有更强的体魄，我需要把部分责任分摊出去。而全职与否这个问题就不是这样，我的目标是为了宝贝更好成长，我继续留在职场，为孩子创造更丰富的物质财富，并通过工作丰富自己的眼界和学识，进而给孩子更高质量的陪伴，这对他的成长会更有利；我选择回归家庭、与他朝夕相处，与他建立更牢固更和谐的亲子关系，不错过他成长中的每一点一滴，对他的成长也很有好处。到底该怎样抉择？哪个对孩子更有利？

有人说这本身就是个类似小马过河的问题，只有当事人自己最清楚应该做什么样的选择，自己最安心、最舒服的选择就是正确的选择。听起来很对，但有个问题是，在选择之前，我们往往不知道怎么样的选择才让自己更舒服，只有事后你才知道当初的选择是否更好。比如我觉得我可以接受把宝宝带回老家，可是宝宝回去了，我才知道我是那么的想他，而只有再将宝宝接回来的时候，我才知道长期离开我是否对他的性格造成了不好的影响；同样，我觉得我可以接受离开职场全职在家，可是回归家庭了我才知道手心向上的日子是多不好过，而只有几年后自己重新考虑回归职场的时候，我才知道长期在家相夫教子的我是否还能找到一份自己满意又能胜任的工作。所有的选择，都只有在事后才能得到真正结论，就算这份对错只是根据自己及宝宝的舒适程度判断，这个结论也只能在选择后得到。

群里那位纠结的妈妈还没有做出选择，她正面临着职业转型期，如果全职在家，将会错过这个转型的机会，几年后再找工作，不见得会找到令自己满意的工作。届时如果一切重新来过，一定会心理落差很大；而几年离岗，技能退化、年龄又偏大，用人单位必会有所顾忌。但如果不全职，有个更紧急的问题就是：周一到周五的白天，孩子该怎么办？

孩子怎么办，保姆常常是一个首选的方法。但事实上，抛开保姆费用越来越高这个经济原因不提，不知根知底的保姆还真是不敢用。不说骇人消息里的偷走卖了的、偷懒喂安眠药的、打骂虐待的，就是照顾得不细致，不周全都令妈妈们心疼不已：保姆会不会长待？孩子大了是要认人的，更换保姆对他也存在适应不适应、喜欢不喜欢？保姆有没有耐心？讲不讲卫生？虽说不是要命的大事，但你看见了保姆不够精心或细致的举动肯定也会心疼宝宝。说一千道一万，我们所做一切的根基和出发点无非是：我希望我的孩子健康快乐成长，而连这一点都满足不了的方法，根本就不算个方法。所以这想来想去，也就存在两条路，要么叫老人带回去，要么狠狠心不工作自己带着。

我想如果是我，我可能会从这几个方面考虑：

首先，有没有全职在家的经济基础。虽说“能用钱解决的问题就不是大问题”，但我连解决问题的钱都没有，我还怎么解决这些“小问题”。经济基础不只是说，家里少了我一个人的收入，家庭的生活质量会不会受到影响。虽说全职在家与在外挣钱，只是分工不同没有谁高谁低，但毕竟经济基础决定上层建筑，只要不是写鸡汤文，我们都不得不承认——虽说你也在为家庭付出，但因为你的产出无法量化（月底固定拿回来一沓子红票子），天长日久难免不被轻视。所以这就不得不涉及另一个问题：作为老公的他，是否会心甘情愿容得我手心朝上？

第二，得看有无做全职太太的天分。天分这东西是个要命的存在。比如做饭，有人随便几种菜在一起炒炒就是道美味；有人对着菜谱专研半天做出来的东西还是无法下咽。一个人对着奶娃娃，每天有无数的琐事等着你：几点要喝奶、几点做辅食、几点出去晒太阳、几点洗澡、几点拖地、几点洗衣服、几点哄他睡午觉。除了时间和体力，你真的要有在家里这块阵地战斗的天赋，最起码你要有并行处理多件事情的能力、见缝插针解决个人需求的能

力、细心耐心和领导力……更别说你不能有拖延症，要有童心和同理心，要对孩子的审美有感悟，要理解孩子的饮食口味等。

第三，还得有良好的心态。注意，全职在家将意味着，你从事的是一项不仅没有薪水，同时也少有肯定和认可的工作。这份处处需要你用"洗""拖""喂""抱""换"等动词来推动的工作，结果不一定有心理预期那般高的认可度。因为琐碎、不可量化、天长日久的重复，家人会渐渐的忘记了你的辛苦和不易。你在家一天，他下班回来就得有热饭吃；你在家一天，他下班回来就懒得洗碗；你天天在家，自然更知道东西该放哪里，所以屋子自然你收拾；你天天在家，孩子还生病，自然是你的失职。你的宰相肚是否能撑得下这些装满石头的大船？

第四，你懂得与家人相处的艺术吗？全职在家，就意味着你一个人扛下了养育孩子这个现阶段的头号重担，更有家里的琐事都得归你管。这就需要你有好的公关技能。在出现摩擦的时候，你懂得和家人"沟通""调解""周旋"等。

不是所有人都具备了这四点基础——经济安全、心理安全、专业技能、危机公关，也不是所有想选择全职的妈妈都有全职的机会和条件。权衡考虑，量力而行！

1.8职场里的妈终将面临的问题

前面说过，我有一个妈妈群，群里吐槽率排名前四的话题是：全职与否、两代矛盾、夫妻关系、体力与脑力不支。这吐槽体力脑力不支的，多半是职场里的妈妈。如果我敲开群成员列表，沿着人名看过去，我会发现，单单是我有印象在群里面“抱怨”过工作的就至少有一半多。有抱怨产假回来后，原本属于自己的工作、项目、职位都归了别人；有抱怨领导对一小时的哺乳假很有微词，于是专门在接近下班时间段安排工作逼你加班；有产后依旧玩命工作却再也得不到原有的认可和晋升；有抱怨产假后领导变着法挤兑人，等等。职场“恩怨”对新妈妈的杀伤力并不小于家庭矛盾，毕竟，你一天至少有8个小时都在上班。

假如有人和你说：“今天面试了一位新妈妈，能力不错，我担心她的时间有限。”你多半会表示理解：“是的，你看我，不是每天下了班就忙着往家跑？妈妈们能在工作上投入的精力肯定是不能够和单身姑娘或小伙子比的。”假如你所在的妈妈群里面有人和你说：“我今天去参加了一个面试，面试官说我的经验和能力都不错，但是担心我在工作上能够投入的精力不足，不准备录取我。”这时候你多半会义愤填膺：“新妈妈怎么了？一样的工作时间，一样的努力工作，为什么要区别对待我们？”

这就是角色代入，前面的对话，我们给自己代入的角色是招聘者，是职位提供者，我们不自觉地用外界看我们的眼光看待自己，因为正在经历，我们看自己比外界看我们更透彻。而后面的对话，我们给自己代入的角色是新妈妈，是一手扯着娃一手夹着公文包的女人，我们自己最了解自己的不易，“工作和娃已经把快把我们榨干了，你们还如此区别看待我们！”。所以反倒是女领导更不愿意接受新妈妈。因为经历过，因为懂得其中的艰难，因为理解家与工作对身体和精神的撕扯，所以才更不愿意选择这样的员工，毕竟工作不是慈善。

作为一名较为幸运的职场妈妈，我没在孕期请假被刁难，没因产后吸奶看脸色，也没因休产假调岗位，哺乳期仍有重要的工作安排给我。按说职场与妈之间的PK，我应该是那个有幸没有卷入其中的幸运者。但其实呢？

身为职场妈妈，我的家每天早上都上演着一场母子分离悲情剧。早上起床，洗好儿子的小手小脸，把他挂在身上吃一顿早安奶，再塞进他的餐椅由姥姥喂食早饭。自己赶紧刷牙洗脸，以一秒钟一个小包子的速度吃早餐。过去亲亲儿子，说妈妈要去上班了，儿子死死抱住我的胳膊不让我走，连哄带劝外加讲道理：“妈妈要去上班了，上班的意思就是早上出去晚上回来，天黑了妈妈就回来了。放开妈妈，妈妈再不走就要迟到了。”眼看着到点了，没办法狠心把宝宝往姥姥怀里一放，听着他的嚎啕大哭一路下楼。

晚上到家，发出第一声敲门声的时候，就听见儿子在屋里面伊呀呀呀大喊：“妈妈——妈妈抱——妈妈抱抱！”进了屋子，来不及洗手换衣服，直接奔着儿子跑过去，一把抱起，晚一分钟他都会大哭不止。而后的三个小时，他就一直这样像只小树獭挂在树枝般挂在我身上。

我的年假在第一季度还没有结束的时候就只剩下了三天，原因是在那个冬天赖着不肯过去、春天迟迟不肯到来的季节，宝宝一共感冒咳嗽了两次，

而每次咳嗽做雾化，都要我抱，所有的年假就这样消耗在了医院。抱他去医院，抱他坐在椅子上，边唱歌边把面罩带在他头上，还要在他不耐烦的时候安抚他。抱他回到家里，喂他吃咳嗽药水，搂着他哄睡，睡熟了也不肯下来。

部门的集体活动，我从未参加过一次，因为宝宝晚上八点开始闹觉，等不到妈妈就一直呜咽着不肯睡。周末的时间，一天陪他去游泳，一天陪他去上早教班，偶尔抽出个半天自己去看场电影，心里却只有10%的轻松愉悦感，剩下90%都是满满的思念。

去群里一吐槽，发现大家都是这样，这就是职场妈妈日常的状态：一边是工作，一边是孩子；一边是自己的生活，一边是孩子；甚至一边是老公，一边是孩子。我当然渴望自我提升，我也同样热爱我的工作，我想努力进取、我想升职加薪，但这一切都面临着一个共同的问题，那就是：我的孩子怎么办？我是他不可替代的娘亲，有些事情非我不可。

这就是当妈第一年的我们，身体和生活突然巨变的我们，不单要照顾孩子、还要协调生活中各种关系的我们，既要面对工作压力、也要面对生活压力的我们，这些巨变无疑是一场挑战。这挑战来得太迅速了些，从孕期“悠哉悠哉吃饭、悠哉悠哉上班、悠哉悠哉休息”的生活状态，“咵”的一下进入到现在的情况，变化之快速猛烈，搁谁谁都崩溃。所以我说，在这特殊的一年，我们也只能自己放过自己，工作上少较一些劲儿，我们就是如他们想象那样分身乏力，甚至比他们想象的还要难。

至于所谓的职场歧视，你觉得是歧视那就是歧视，你不觉得歧视就不是，因为那仅仅是一个生活真相。对于我们来说，还有更重要的事情等着我们，那就是给襁褓中的孩子最优质的爱和陪伴。

1.9是不是真的像电视剧里演的一样

妈妈群组织线下聚会，不带娃娃不带爹。一群妈妈凑在一起吃饭聊天，除了聊孩子就是聊各自的生活。不同于网上聊天，面对面的信息传递更实时准确，聊的事情也更细节具体。几个妈妈讲了几件小事。

讲第一件小事的妈妈，她家的宝宝刚刚更换奶粉，从2段换成3段。事先从国外代购了6桶，可是第一桶才吃了一半，奶粉就从甜味变成了苦味。发现的那天，妈妈请爸爸一起尝一下。爸爸喝掉第一口说：“是有点苦，这有什么影响吗？”妈妈表示两个礼拜前还不苦，应该是有问题。于是爸爸又给自己冲了一杯：“还行，所有奶粉回味都是这样的。”妈妈有点不高兴，毕竟是给自己的宝宝喝的，但想到这奶粉是宝宝的姑姑帮忙买回来的，不便说什么。

这只是事件的前言，正文是，随后妈妈表示胃口不太舒服，叫爸爸到厨房看下有什么水果，帮忙洗一个过来。爸爸告知厨房里面有两个桃子，妈妈表示那算了，那两个桃子是姥姥买给宝宝的，比较贵。

他随即说：“哼，都快烂了。”话中带有一声冷笑。那个妈妈说，那一刻她真想过去找他吵架。刚刚的奶粉，苦成那个样子你都没有说啥，为了维护你家人置宝宝的健康于不顾。我家人买的东西你看不上，给儿子买的桃子

你说烂。可我最后什么都没说，想着许是我太敏感了吧，琐碎的生活里一句无心的话都能瞬间点燃怒火，如果我再多说些什么，指不定又会惹出什么烦心事来。天晚了，孩子睡了，老人们回屋了，于是我对自己说，那就洗来吃吧。边吃边觉得心里不舒服，如果没有前面奶粉事件中忍下的气，可能现在也不会觉得这个冷笑有什么别的意思。在一起的日子多了，究竟是太了解了不想沟通，还是我们彼此都不敢沟通了呢？

“然后呢？”我们问。

“然后，没有然后了，当晚就没有再提这件事情，夜里做了很多这种憋闷的梦，似乎都是从前发生的我受到嘲讽的小事。早上起来想和他沟通一下，但看着宝宝醒来的笑脸，父母忙碌的身影，他一如往常的神色，到嘴的话又忍回去了。

第二件小事称不上事件，是另外一个妈妈的数落和牢骚：“平时老公下班晚，回来的时候大家都吃过饭了，他最后一个吃完饭，就把自己的碗筷丢在水槽里，转身回到卧室玩手机。有时提醒他把就一个碗，吃完顺手刷一下。他都会说哦，但马上就找到其他事情做理由，比如会说要拆个快递暂时没有时间之类，总之最后都没有洗。这不是什么，重点是，每次讨论家务分工的时候，他总是抢着说我：我来负责晚上的洗碗吧，你忙工作又看娃累一天了。永远都只是嘴巴说说，从来都不动，真是拿他没办法。

有时跟他说道一下，但沟通后我就后悔了，我刚开始这个话题，对方就开始诉苦。从自己上班如何辛苦，到晚上回家很晚才能吃到饭，对方完全不能理解你说的是言行不一的事儿，不是洗碗本身。

我老公这样说：我没有想那么多，我理解不了你说的内容，我只知道，累了不洗碗不是什么大事。我们的沟通因此就结束了。后面再有类似的事情，我不再尝试和他沟通。”

我们试图去分析这两个事件的共同点，是不是丈母娘在的家庭更容易出现沟通不畅的问题？其原因可能是，自感形单影只的老公会不自觉把自己调整成刺猬般的自卫模式。这时，第三个妈妈开口了，“婆婆在也一样”，她这样说。

这位妈妈和婆婆同住，她很感激婆婆从远在千里之外的南方来京帮忙带孩子，还负责做晚饭。但渐渐的，她发现一个问题，就是在晚饭的饭桌上，家里的剩菜永远都摆在她面前，而新做的肉菜则离她老远，要站起来才能够夹得到。每晚都是如此，而且婆婆总会把面前的剩菜夹给她，让她多吃。如果剩菜没吃完，还会提醒她将剩菜吃光。久而久之妈妈的心里难免失衡，就去找老公诉苦。

“我和老公说，我理解你妈妈那一代人的艰辛，但是希望她别顿顿把剩菜放在我面前，我还在喂奶，也是需要补充一些营养的，时间长了我身体也会吃不消。而且总这样搞我心里也不舒服。然后我老公暴跳如雷：我妈怎么了？她一天那么忙，放个菜还得多很多讲究？你是不是要求太多了。如果是你自己妈在这，你会要求那么多吗？

我很生气，但生气中的我仍在思考，是和他对吵还是忍住，最后我选择忍住，说实话我一个人势单力薄，更何况孩子刚睡下，我不想吓到她。”

我们这些自己父母帮忙带孩子的妈妈表示不理解，在我们的概念中，如果自己的父母不在，和老公理论起来反而更加清爽简单，不用顾忌自己父母的看法和感受，拿出自家老公和自己吵架那种“怎么着，我一个人在你家，你们家就合起火来欺负我啊？”的架势和对方畅快淋漓的来一场恶吵。

“爹妈不在，孩子在啊！爹妈不在，未来的日子在啊！不想吓到孩子，不想和婆家撕破脸，我还是选择闷不吭声比较保险。”这位妈妈这样说。

有一位自始至终没发言的妈妈说了如下这段话：“当了妈之后，我一直

担心我的生活会变成那些电视剧里面演的那样，老公在老婆的忽视下出去找小三，而后对结发妻子日渐冷谈最后不耐烦只想一脚踢开。但事实上，这是多虑了，因为不知道从什么时候开始，异或是有父母入住到我们家的那一天开始，老公就不再在意和重视我的态度了。我和他的关系慢慢发生变化，这些变化我想不明白起源是在我还是在他。因为有了孩子，我改变了之前什么情绪都憋不住的性格，而是把一切都放在心里，因为我想给宝宝一个平和的环境。所以有些不舒心的地方，我就想，忍忍就过去了，有些话后面在找机会沟通吧，就别发脾气了，毕竟对宝宝不好。

但那些忍下来的东西，并没有消失，反而因为我的忍，这些东西渐渐变成了我们生活中的常态，正常的状态，似乎也是正确的状态。如果我再爆发，反而是我在找茬。所以我觉得我渐渐变得很难发出声音，而我不得不发声的时候，往往就是一场大爆发。爆发往往会吓坏宝宝，而后我会内疚，提醒自己为了宝宝要忍受，接下来就是加倍的忍受，直到下一次爆发。我已经失去了和丈夫正常沟通的能力和途径。我在我们的婚姻关系中，已经完全失声了。”

我们陷入了良久的沉默，因为我们都觉得自己似乎正在失声或者已经失声了。

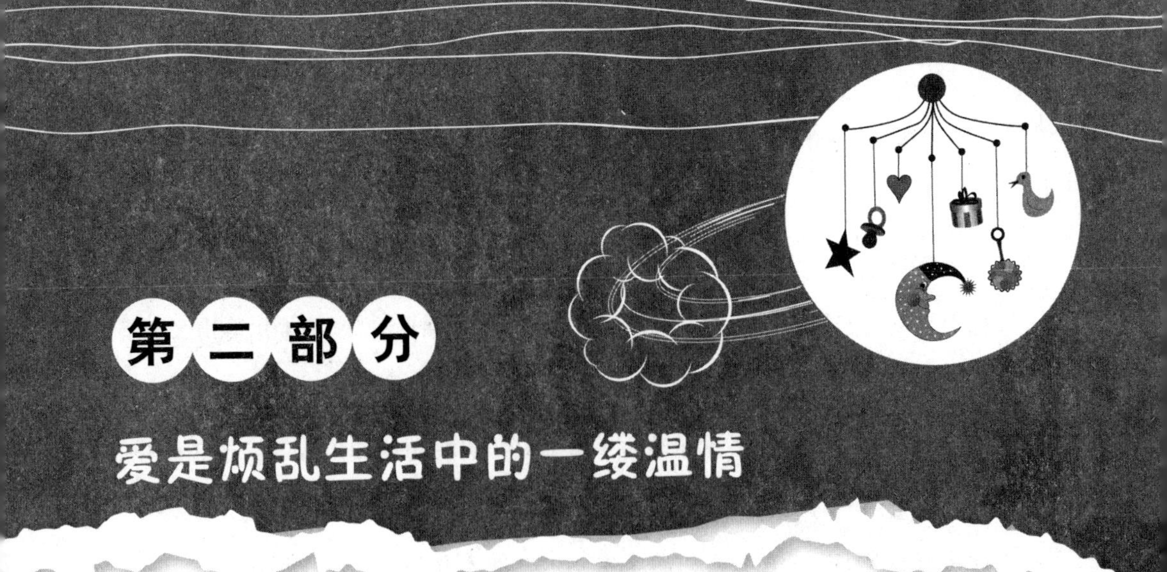

第二部分

爱是烦乱生活中的一缕温情

2.1他们的世界赤裸裸

Beta有着很准的生物钟，每天晚上9点准时闹觉，早上7点20准时醒来。醒来后的第一件事是左右瞧，看看妈妈在哪里、在哪个方向。如果这时妈妈是醒着的，就翻到妈妈怀里，一脸讨好的媚笑；如果这时妈妈是睡着的，就爬过来扒开妈妈的眼睛，等妈妈迷迷糊糊亲上自己一口，再向妈妈奉上咯咯咯的笑声。

然后Beta和妈妈一起度过一个甜蜜的早晨，Beta满床爬爬，时不时回头看看妈妈，如果妈妈只是看着自己笑，那么就翻滚到妈妈怀里搂抱着妈妈；如果妈妈也爬过来亲亲自己，那就开心雀跃跳到妈妈身上，和妈妈脸贴脸，抱抱亲亲。爬过了、亲过了、换过了尿裤、穿好了衣服、喝了鱼肝油、吃了鸡蛋黄，妈妈要去上班了。

妈妈把Beta交到姥姥的手里，和Beta吻别：“乖宝贝，妈妈去上班了，下班就回来抱抱。”每到这个时候，Beta就会使出浑身解数：先是伸开双手，努力向妈妈笑，意图挽留妈妈；发现这样并不会阻止妈妈的脚步，就着

急地啊啊喊叫；发现妈妈还是向门口走去，就几乎要挣脱了姥姥怀抱般，拼命哭声喊“妈妈妈妈”；最后在妈妈关上家门的时候，绝望发出哭声。

总体来说，Beta和妈妈的相处模式中，或多或少有那么一点讨好的味道：不管Beta在干什么，在谁的手里，只要妈妈向他伸出双手，他必伸开他的小胖手第一时间来迎合妈妈，同时配一脸媚笑，就差没说“妈，我等你来抱我等好久了”；Beta在妈妈手里，不管别人拿着什么好玩的玩具来逗他，他都能最大程度抵制诱惑，偶尔抗拒不了，会示意妈妈自己要去某某人身边玩，而到了那边，也不忘向妈妈抛个媚眼，送个娇笑，像是告诉妈妈“不管在玩什么，在谁身边，我都最想和妈妈在一起”。

Beta身边的日常跟班团队成员有妈妈、姥姥，爸爸等。九个月大的Beta对人是这样分类的：妈妈、others。Others中或许还有更为精细的排序，但妈妈却是没有替代的单独一类。因为要工作，妈妈没有办法全天候陪伴Beta，只能早上9点离开，晚上6点回来。所以在Beta的心中，妈妈是自己不能完全把握的最爱。不能完全占有，却又想一直拥有，只有讨好妈妈，和妈妈搞好关系。

这多么像大人之间的逻辑：我爱你，而你不完全属于我，起码不能二十四小时陪伴我，我不安，我要讨好你。我爱你，我想一天二十四小时和你在一起，但你却不愿如此，我不甘，我要缠着你。

我爱你，所以我要讨好你。你对我若即若离，所以我只能更加卖力讨好你。这恋爱中常见的戏码，原来早在我们几个月大的时候就上演过。而那时候的戏码，往往更直接，更接近问题的本质。孩童们的世界，比我们大人的世界，更加直接与赤裸裸。

Beta和姥爷在屋里玩耍，吹吹小喇叭、听听儿歌、咬咬玩偶，Beta躺一会，趴一会、坐一会、再由姥爷扶着站一会，玩得很开心。这时姥姥进来

了，怕Beta口渴，姥姥送来了一小杯温水。

一见姥姥进来，Beta第一时间躺倒在床上，开始哼哼唧唧。先是哼哼，然后嘴巴里嗯嗯的叫，同时把脸挤成快要哭的表情，但没有眼泪，只斜着眼睛瞄着姥姥的反应。姥姥若是不理，就手脚一起乱踢乱抓，开始哭喊，声音越喊越高，然后适时挤出几滴眼泪。

往往不到这个阶段，姥姥就已经扛不住了，赶紧把Beta从床上抱起来，虽然嘴巴上还在说："你个小坏蛋，就知道要姥姥抱，姥姥没来的时候不是玩得好好的？"但脸上却是掩盖不住的宠溺。于是九个月大的Beta知道，姥姥是最宠我的，我可以肆无忌惮。

Beta有时喜欢坐在床上把玩具丢到地上，然后示意其他人帮他捡起来，然后他再丢，可能他把这当成了是一种游戏。Beta和其他人做这个游戏的时候，比如和妈妈，如果妈妈和Beta说："妈妈累了，我们不玩了好不好？去玩会别的吧。"Beta就会停止丢玩具。而Beta和姥姥玩这个游戏的时候，姥姥如果说："我们不玩了，玩会别的吧。"Beta就会啊啊大叫，耍起赖来。

类似的情况还有很多，不顺心的时候，Beta和姥姥叫嚷得最厉害。玩玩具的时候，Beta把姥姥指使的溜溜转。姥姥是代替妈妈整个白天都陪在Beta身边的人，从不缺席的陪伴、长期的随叫随到、加上绝对外露的宠溺，都明确传递给Beta一个信号：你在意我。

你在意我，我可以肆无忌惮要求你，我可以大声哭闹……反正你在意我，我怎么样你都会宠爱我。

除了"我爱你，所以我要讨好你"，Beta的世界里还有"你在意我，所以我可以肆无忌惮"。就像那些电视剧里经常上演的戏码，那些老套的戏码原来是我们小时候就玩腻了的把戏：我爱你，我也想你爱我；她爱我，所以她应该对我好；即使她对我很好，百依百顺，我还是在享受她的好的同时追

求着你，因为我爱的是你；因为她爱我，所以我可以肆无忌惮要求她为我做这做那，反正她爱我。

前一段，妈妈给Beta买了一只安睡小海马，这是传说中的哄娃神器，妈妈想以此减轻安抚Beta的负担。拿到海马，Beta很稀奇，小心翼翼戳戳人家的脑袋，再戳戳人家的尾巴，于是妈妈开始教Beta如何和小海马玩耍：妈妈搂抱着小海马，告诉Beta可以这样哄自己入睡，妈妈亲了亲小海马，告诉Beta妈妈不在的时候可以亲亲它，和它玩耍。妈妈还没有教会Beta怎么和小海马玩耍，Beta反而先声制人大哭起来：呜呜呜……

这一哭让妈妈乱了阵脚，因为Beta虽然平时爱哭，但很少没有理由地哭，这前一秒还好好的、后一秒大哭的情况很少见，家里人都围过来询问，以为妈妈把Beta怎么了。没碰到、没摔到，这是怎么了？

妈妈抱起Beta，小心翼翼的安抚，Beta渐渐缓和了下来，小眼睛却盯着小海马。是不是想和小海马玩啊？妈妈把小海马拿过来塞到Beta怀里。这一塞可坏了，Beta第二次委屈地大哭起来，竟然越哭越伤心，张着大嘴掉着眼泪。

这真是吓坏了妈妈，前文说过，我有一个妈咪群，里面的妈妈也经常遇到这样那样的怪事。赶紧登QQ，喊人询问。几个妈妈反应竟然很一致：

“你亲别的宝宝了啊，他怎么能不伤心？”

“那就是一只海马！”

“可是样子是一个可爱的宝宝啊！”

“那就是一只海马！”

“可是你抱它又亲它了啊！”

“那就是一只海马！”

“可是你和海马宝宝玩不和自己的宝宝玩啊！”

“我是在教他怎么和小海马玩！”

“但在他眼里是这样的。”

我好像一瞬间就明白Beta对爸爸反反复复的情绪：昨天似乎还很爱爸爸，骑在爸爸身上不下来，嘻嘻哈哈玩闹成一团；今天就突然很警觉地看着他，皱着小眉头，趴在妈妈怀里，紧紧抓着妈妈，噢！原来在Beta心里早把爸爸当成了嫉妒的对象。

后来，我又买了一只安睡小乌龟，就丢在那里，等Beta自己去发现、去玩耍。几天后我突然发现，他自己学会了按音量、按灯光，学会了抱着它、没事亲亲，学会了和它愉快玩耍。

我爱你，你爱别人，别人是我的敌人；我爱你，别人也爱你，别人也是我的敌人；我爱你，你只能宠爱我一个。原来这些我们现在羞于表达的逻辑（因为成年人是要博爱的、不嫉妒的、心怀理解和感恩的），打小就跟随着我们。

小区的中心花园是溜娃小分队的集散地。不同月龄的宝宝常在此“聚众玩耍”。常带Beta混在不同大小的宝宝圈中，认识了不少小伙伴，其中一个叫点点的小姐姐，深得Beta喜爱。

最初，我们是不知道Beta喜欢点点的。因为Beta对点点并不友善。Beta与点点的第一次会晤，就以点点被Beta吓得大哭收尾，这件事还得从Beta半岁左右说起。

事情是这样的，一直以来，Beta都是一个在家撒泼在外文静的孩子，在家里的Beta和在外人面前的Beta简直是两个人。家里的Beta，霸道任性，稍不顺意秒哭；在外的Beta，很顺从，任由小哥哥小姐姐来摸小手，亲小脸，一副温文尔雅的样子，一脸的“暖男”微笑，在溜娃小分队的大人圈中积攒了很好的口碑，直到有一天，他遇到点点。

那天，Beta妈抱着Beta在楼下逛，遇到一个大眼睛小嘴巴皮肤白嫩得像剥了皮的荔枝一样的小姑娘，七个月大小，叫做点点。因为月龄相近，Beta妈和点点妈聚在一起交流经验心得，分别将自家孩子脸朝外背朝内抱着，一边任由孩子随意看风景一边聊天。聊得正欢，突然点点哇哇大哭。而Beta发出得意的笑声。

这是怎么了？附近不远处晒太阳的老奶奶给出了答案，原来妈妈们聊天的时候，Beta一直在向点点姐姐做鬼脸，眼睛还凶狠狠盯着姐姐看。一次两次小姐姐没有反应，几次后小姐姐就被吓哭了。

和点点妈妈道过歉，回到家里，妈妈问Beta："宝宝是不是很不喜欢那个小姐姐？"Beta不理。"宝宝为什么要吓唬小姐姐呢？如果有人把宝宝吓哭了，妈妈会很心疼的。"Beta依旧不理。"小姐姐的妈妈也会心疼的，宝宝说是不是？"Beta还是不理。

第二天在小花园里见到点点，点点看Beta 的目光很是躲闪，稍微靠近一点，就要大哭。不知是否是幻觉，妈妈竟觉得Beta有些失落。接下来很久，点点和点点的妈妈都尽量躲开Beta，但Beta却总是在人群中寻找他们，然后手指着示意妈妈抱着他过去找点点玩。而妈妈抱着Beta过去，点点总是一副小心谨慎的样子，小心翼翼盯着Beta，并抱紧她的妈妈，丝毫没有再跟Beta玩的意思。俩孩子的梁子是结下了。

再后来，Beta总是在遇到点点的时候主动将手里的玩具递给点点，小花园中有几个小孩子骑的那种摇摇马，如果是妈妈抱着Beta坐在上面，适逢点点和点点妈妈也在，Beta总是会主动让给点点骑，然后自己退回到妈妈的怀里，看着点点笑。在Beta的主动下，点点也似乎忘记了几个月前的不愉快，再遇到Beta，也会主动和Beta打招呼，心情好的时候也会赏个笑脸。每次看到点点赏的笑脸，Beta总是会手舞足蹈。到这时候妈妈才知道，好小子，原

来你是喜欢人家啊，有你这样追女孩儿的么，一见钟情后的反应，竟然先把人家吓哭。好在这小子无师自通，后面竟然通过自己的摸索找到了合适的方式，不然岂不是要在整个婴儿期后悔不已？

我喜欢你，但我不能用我自己的方式来对你好，我要用你喜欢的方式对你好，这么简单的、连我九个月大的儿子都明白的道理，又有多少大人并不懂？他们还像个六个月大的孩子那样，天真地以为我喜欢你，就是要把我以为好的东西给你，就要对你做我喜欢的事儿，就是要用我的价值观衡量你。却不知你喜欢的不见得是人家需要的，人家喜欢的才是你应该做的。

原来不管我们长多大，我们拥有着多少种复杂的情感，我们都还拥有着婴儿般的逻辑和思维方式：如果你爱我，你理应对我好；如果我爱你，我就得讨好你；我用我想到的方式对你好，若你不买账，我会调整成你喜爱的方式；但你只能爱我一个，在我看来，你爱的和爱你的都是我的敌人。这些我们现在藏着掖着扭扭捏捏欲说还休的小心思，孩子们可以坦坦荡荡表达出来！

难道我们真的比婴儿更懂感情么？对于感情，他们比我们坦诚、高效、直接、勇敢、坚持！

2.2亲情是一场重复的辜负

得知爷爷病重消息的时候，我正在一家烤肉店给自己庆祝30岁生日。

这是我升级当妈后的第一次生日，却是我自记事儿以来最寒酸的一次。虽有父母在身边，但你的30岁生日，哪有那个零岁小娃娃的吃喝拉撒重要？他们只能帮你偷得半日空闲："今天你过生日了，自己出去找点好吃的吧。"而老公，在他眼里你早不是需要鲜花蛋糕甜言蜜语的小姑娘了，于是他说："你生日那天我刚好要加班，都是孩他妈了，我们就一切从简吧，你看我过生日的时候不也什么节目都没要求么？"

于是我就一个人来到烤肉店，点上一份牛里脊、一份培根、一份烤鳗鱼、一大碗冷面、一大碗南瓜羹，再告诉服务员今天我生日，请送我一大碗长寿面。

吃是吃不完的，没关系，过生日过的就是这个火红劲儿，吃得多，剩下的更多。

热气一团团包裹着大铁锅，火在锅底的灶坑中尽情跳跃，发糕的甜香随着热气飘出，和小灶炉上的肉香混合在一起，使得整个厨房弥漫着节日的味道。其实并不是什么节日，只是我的生日而已。我在大铁锅前啃着手指数数："二十九，二十八，二十七……奶奶，一百个数到了，发糕熟了！"

“好好好，熟了熟了，我拿出来冷一下，你去跟着你爷爷买好吃的去吧。”

奶奶口中的好吃的，无非是巧克力、威化饼、山楂糕之类的小零食，在六七岁的孩子眼里，这就是最好吃的东西。在那个物质并不丰富的年代，只有过年、过生日，小孩子才能名正言顺地拥有这些好吃的。所以奶奶特别嘱咐爷爷，晚饭前带我去买“好吃的”，给我过一个富足的生日。

其实我并不缺零食。那时候爷爷已经从原来的工作岗位上退休，在一家民营企业帮忙算账。虽然家里的财政大权在奶奶手里，但爷爷手里有不少打零工赚来的零花钱，这些零花钱多半都进了我的肚子。哦，离休，不是退休，爷爷总是在强调这个词，“我是为新中国成立贡献过自己力量的人”，对此他总是很自豪。

我和爷爷向小卖店走去，一路上我盘算着，爷爷有五元钱，三元来自他自己的小金库，两元来自奶奶给的生日经费，一颗奥运糖一毛钱，一条瓦夫巧克力要三毛钱，而另外的一种巧克力一条要一元钱（我一直想回忆起那种巧克力的名字，却一直未能如愿），我应该如何购物，买几条一块钱的巧克力好呢？

那种一元钱的巧克力，咬起来看比较黏牙，略略有些咖啡的苦味，吃起来很像现在咖啡+巧克力混合味道的口嚼糖，其实并没有多好吃，起码我不觉得比瓦夫巧克力好吃。但小孩子也是虚荣的，吃一块钱一条的巧克力，一条里面只有三块，这得在家里多得宠才有这样的地位？

左盘算右盘算，终于买好了，拿着零食出了小卖店的门，就迫不及待打开一颗奥运糖，献宝似得举在爷爷面前：“爷爷吃一颗。”

“乖宝贝，爷爷不能吃，爷爷有糖尿病。”

“没事，就吃一颗。”

“宝贝自己吃，爷爷不吃。”

“那我自己吃，爷爷给买的糖真好吃。”我很满足。

重新回到屋子里，一大盆发糕上桌了，一大盆炖肉上桌了，一大碗黄桃罐头、一大碗酱豆子也都上桌了。热的甜香、热的肉香、冷的甜香、冷的酱香，混合在成一股浓郁的、充满烟火气的香，在我幼小的心里敲打成一首甜美的生日快乐歌。

发糕、炖肉、水果罐头、酱豆、一大捧糖果，吃是吃不完的，但没关系，过生日么，本就该吃得多，剩下的更多。

这不是我说的，是爷爷说的。“过生日嘛！本就该剩儿，来年好接着有的吃。”这是他应答奶奶的话，因为奶奶在质疑他为何给我买了那么多零食。同时爷爷这样反驳奶奶：“你看，你不也做了根本吃不完的发糕和肉嘛？”

来一大口冷面，喝一口酸酸甜甜的冷面汤。火上的培根熟了，有点肥腻，塞在生菜叶里面就好多了。牛肉也差不多了，翻个面就可以拿下来吃了，趁着这个空隙赶紧喝口南瓜羹。一口面、一口汤、一口肉、一口菜。店里面来来往往的吃客找座位、广播里的音乐换了又换、服务员来往穿梭的换箅子，这一切通通都影响不了我一口接一口的心情，过生日就是要这样忙碌地吃喝，不是吗？

“爷爷我要吃发糕皮。”

“爷爷给你剥。”

“哪有这么惯着的，哪能只吃皮，芯谁吃？”奶奶看不过去。

“芯我明天吃，孩子过生日呢。”

我并不说话，我忙呢，一口肉、一口桃、一口发糕皮，里面夹几粒酱豆子，还不忘吃块巧克力。

“这才像过生日的样儿，吃，快吃，吃完了这顿，下顿饭就大一岁了！”爷爷一脸慈爱。

“吃完了这顿，下顿饭就大一岁了”。我含着一口牛里脊，突然想起爷爷二十多年前的这句话。回忆就像打开的水龙头，你追我赶喷出来。

我小时候生活在爷爷奶奶身边。我们祖辈年纪的人，或多或少都有些重男轻女，爷爷奶奶自然也不能免俗。但爷爷奶奶对我这孙女的宠爱，却也不少于别人家小院里的孙子。

那个重男轻女的时代，大概宠爱女孩需要合适的理由才行。于是在爷爷的口中，我被塑造成一名乖巧、懂事、聪明又好学的好孩子：我是那么喜欢帮奶奶做家务；我的学习是那么不需要大人操心；我又那么聪明，好像所有东西随便学学就能掌握。这真是我人生中最高的评价，之后的若干年里，从来没有人给过我更大尺度的赞美。

小时候我总是有吃不完的羊肝羹，因为爷爷相信那种甜甜腻腻的小零食里面，真的有羊肝，真的对眼睛好。也总有吃不光的西瓜，因为爷爷相信西瓜可以清热，而小时候的我体温总是比同龄人高一截。当然也有陪不完的笑脸，算不完的算数，叫不完的叔叔、伯伯、爷爷、奶奶。因为只要被爷爷带出门，总要被他拿去“炫耀”一番。

含着肉，想起根本没有头绪的博士论文，我一半自嘲、一半会心笑了起来。有Beta前，我以为爷爷的期望只是源于望女成凤，有了Beta我才明白，在他眼里我真的是世界上最聪明、最可爱、最懂事、最乖巧的女孩子，就像我总会在Beta身上找到惊喜一样：不是源于期望，而是真的惊喜，在我眼里，他的那些小动作、小伎俩、小心思、小表情，都那么古灵精怪！饭后我要给爷爷打个电话，我边吃边想。

就在这个时候，我的手机响了起来，是家里的电话。

“吃完了吗？”

“差不多了，怎么了？”

“没怎么，就是问你吃完了没，一会干啥？”

“吃完就回去了，着急我回去？”

“还好，吃完就直接回来吧。”

“宝宝怎么了？”

“宝宝好着呢，是你爷爷，病重了，你回来后我们俩得连夜赶回老家去。”

爷爷什么时候生的病，怎么突然就病重了？疑问就在口中，但我问不出口。爷爷什么时候生的病，这不像一句疑问，更像是自己对自己的问责：自己竟然什么都不知道；自己本不应该什么都不知道；自己究竟是怎么了，这么大的事儿都不知道。

回首过去的一年，初为人母，我喊忙、喊累、喊需要理解、喊需要帮助，原本已经安稳的生活，却因孩子的到来，又变得充满漂泊感和不安全感。每天早上醒来，第一时间冲进脑海的想法都是：今天天气怎么样？要不要带宝宝出去遛弯？天热了要给他减衣服……这个小东西把我的思想、我的时间都打磨成一个个小碎块，又用自己的琐事去把它们完完全全地填满。诚然，人类的感情都是这样向下传递的，这也许就是生命可以世世代代生生不息的缘由。我们爱孩子远比爱自己要多，自然更比爱父母、爱祖辈的多。但这样的人类感情还是叫人伤怀，虽然我不期望我的儿孙对我回报同样程度的爱，但我为我不能回报父辈、祖辈同样多的爱而羞愧自责。

曾经我以为，我会一直有足够的爱回馈给我的长辈，就像现在我以为Beta会一直依赖我、爱我一样。但我终究会变，改变我的不是婚姻，不是孩子，也不是所谓的那些现实的烦恼，改变我的是我自己。年少时的美好记忆、向长辈许下的承诺，是我肩上最初的、甜蜜美好的担子。而在漫长的时光中、这肩头的担子越来越重，当我将一个叫Beta的小生命扛在肩膀，不得不和他深度绑定，一起在生命长河中漂泊的时候，我肩上的担子重到让我无

力想起最初担子的程度，于是我渐渐忘却了原有的其他担子。爱，就这样通过肩上担子的增减与变化，更多地向下传递，更少地向上回馈。亲情，是一场又一场重复的辜负，或许所有家庭都是如此。

但我的心中仍有不安和愧疚，如有可能，我愿意超越我渺小的人力，超越我疲惫的大脑和透支的体能，给我的所有亲人最温暖和最实际的慰藉，好让我们都觉得，为人一生，到底是值得的。

2.3我就愿意倾尽全部热情生活于此

“我们在北京能收获事业、金钱和许多华丽的东西，但永远得不到安定、健康和想要的生活。”

每每在朋友圈上见到有人如此论调，我都会忍不住点赞。虽然我并不觉得我收获到了事业与收入，也并不觉得生活不够安定与健康。但就像每一个客居的异乡人一样，我总是有意无意去强化那种没有归属感的情绪，似乎这样就显得乡愁，显得文艺，显得小资。似乎标榜着对“采菊东篱下，悠然见南山”生活的向往，就表征着自己还有过上超然生活的机会；似乎标榜着对时间自由、财务自由的生活向往，就表征着自己有可能过上文艺片中女主的生活。

彼时还没有那个叫Beta的小家伙，我并不知道我想要的生活是什么样的生活。我吃着必胜客披萨的时候，我觉得我想要的不是这样的生活；我在家用烤箱自己烤披萨的时候，我觉得我想要的不是这样的生活；我在自家阳台上的躺椅上晒太阳的时候，我觉得我想要的不是这样的生活；我在奥体公园中铺上地垫吊上吊床晒太阳的时候，我觉得我想要的不是这样的生活。我不知道我想在什么样的环境以怎么样的姿态晒着太阳，吃着怎样得来的披萨是我想要的生活。但这都不能影响“我觉得眼前生活不是我想要生活”

的想法。

我学着文艺女那样，去大家熟知的文艺小古镇去寻找想要的生活，我发现那般的欢快与明艳只会带给我不安，因为翻翻钱包，我发现我没有办法在不工作的前提下在此长期生活，因为文艺古镇里一碗拉面都要20块钱；我学着很多回老家讨生活的现实青年那样，去我和老公的老家找饭碗，我发现故乡的安定只属于从未走出的人，我们不仅在老家找不到匹配的收入，同时惊奇地发现故乡的收入和物价比并不亚于北京。

即便如此，我依旧坚持认为，北京，不是我想扎根一辈子的城市，即便我在这里有了住所，有了id（户口）。这里也始终是我的异乡，人在异乡为异客，怎能没有无奈与愁楚。

后来，有了这个叫Beta的小宝宝，籍贯上海，出生地北京。上海是Beta爷爷的故乡，Beta爸爸的异乡，Beta从未去过的地方，却是Beta的籍贯。而北京，我的异乡，它却是我儿子Beta的出生地以及故乡。

直至此时，我终于找到了我与这座埋葬了我成年后大部分时光的城市、最大的纠缠和关联——这是我儿子的故乡。从此，我必须要爱上这里，只有我爱上这里，儿子才会真正爱上这里。而我的儿子，他需要没有理由地爱上这里，因为这里是他的故乡。我不能让儿子在他的故乡还体会到的是漂泊感、无归属感、不安全感等类似乡愁的症结，因为如若那样，他的症结就没有解药了。

当我尝试着爱上这座城市的时候，我发现它其实有着太多的可爱之处。

我记得我的孕检医生，在我担心早产的时候劝我宽心，在我体重蹭蹭上窜的时候骂我不知节制，她永远给我最实际的意见；我记得新妈妈群里面那些相惜相知的姐妹，在我郁闷时深夜花时间陪我聊天，在我担心时帮我研究儿子的检查结果单，给我最贴心的鼓励；我记得地铁上听见我和同事聊天的

陌生姑娘，她听见我说连续几晚抱睡不得休息，主动让座给我。

我记得乳腺炎发作那天拉我回家的出租车师傅，他看我冷得发抖（乳腺炎的典型症状，体温达到40度之前，先极度发冷），30度的高温下一路关着窗关着空调。

这些事，很小很小。却在我人生最艰难的时刻，给了我温暖，给了我理解，也给了我坚持的力量。原来这座城市，一直以来给我很多温暖与包容，只是我从未深思。我忙着抱怨，忙着不爽，却忘了即使换另一座城市依然要面对。

冷与暖，好与坏，原本也只是自身的感觉。这座叫作北京的城市，虽是我的异乡，却是我儿的故乡，就凭这一点，我就愿意倾尽我的全部热情生活于此。

2.4生活虐我千百遍，我待生活如初恋

每天早上家里都会上演一场母子分离大剧。我常常一脚门里一脚门外，听Beta撕声力竭地喊：“妈妈——妈妈”，忍不住出门，过去哄他。这一去倒好，Beta死死抱住大腿不让走，连哄带劝，外加讲道理都不行。“妈妈要去上班了，上班的意思就是早上出去晚上回来，天黑了妈妈就回来了”，不行；“放开妈妈，妈妈再不走就要迟到了，迟到了就没钱买泡芙了”，不行。只能陪他墨迹着，眼看到了非走不可的时间，再一狠心将他往别人怀里一塞，一路听着他的嚎啕大哭下楼。这种分别方式常常带给我一整天的内疚感，所以晚上下班一到家，我就尽量陪着他，陪着玩球、陪他吃水果、带他下楼遛弯。今天要说的这事儿，就发生在下班后的遛弯时刻。

我们每天晚上都会沿着小区的中心花园走上几圈。中心花园里，有一些中年阿姨跳广场舞；花园外的小路上，常常有不同年龄段的孩子们在玩耍，以及三三两两的老爷爷在打拳舞剑。儿子很喜欢去花园玩，在他眼里，绕着花园逛上一圈的这一段路上充满了神奇和刺激——花园里激昂的音乐、步伐一致的奶奶、头顶上形状各异的树叶、地上随处可拾取的石子和小果子、拍球的、玩滑板车的、骑自行车的哥哥姐姐、动作缓慢却张弛有力的爷爷。

一路上，或者我扶他慢慢走，或者抱着他逛。几分钟就能走完一圈的

路，我们往往能走上大半个小时，没办法，一路上有那么多吸引他的地方，怎么能快快地走呢！昨天吸引Beta的是一位拍球的小男孩。

球在小男孩手中很听话，前面拍拍，后面拍拍，左面拍拍，右面拍拍，时不时转个圈，再从裤下传过去，好像球长在了小男孩的手里，从不掉下来。“四百八十八、四百八十九”，男孩的妈妈在一边帮忙数着，Beta站在边上看得目不转睛，还时不时啊啊大叫，兴奋得不得了。

看了一会，Beta想起自己手里面也拿着一个东西，是一个圆形的盖子，矿泉水瓶上的那种。可能是想学样子，他也将瓶盖扔到了地上，当然弹不起来，于是在我的搀扶下跑过去捡起来，换一个地方继续扔。好玩的是，每扔一下瓶盖，Beta就要换个地方。开始我并不理解，后来想了想，估计Beta是觉得，哥哥的球可以弹起来而自己的瓶盖不能，是因为地面的缘故，所以才不断换场地，试图找到一个也能把瓶盖弹得高高的地方。

小男孩的妈妈很友好，看见Beta卖力学的样子，就让小男孩休息会儿，将球借给小弟弟玩。小男孩很听话将球放在地上，示意Beta过去拿。Beta很兴奋过去，双手吃力地把球抱起，哇哇喊着，用力向地上一丢，发现球并不像在小哥哥那样弹得高高，而是向远处滚去。于是他追上去，又用力高高抱起，使劲往往地上一扔，球在地上跳三跳，依旧向远处滚去。虽然有些迷惑，Beta却没有气馁，再次追上球，抱起的时候哈哈大笑，丢下的时候用尽全力，球滚远的时候有些迷茫，但随即进入到下一轮的准备状态，直至满头大汗，气喘吁吁。

说不上为什么，我的心中突然有些酸楚和感动，这不就是典型的“生活虐我千百遍，我待生活如初恋”嘛？我酸楚于Beta一次次带不来预期回报的付出，却又同样感动于Beta的坚持，一次又一次反复尝试尽管没有丝毫的进步，大人们绝不会如此坚持吧？每一次拿起球的时候都是那样开心、每一次

丢下球时又是那样卖力，大人们也绝不会如此吧？

看着Beta已经满头大汗了，同时考虑到没有带他的小水壶下来，我边哄着边将他抱起：“宝宝累了，不玩了好不好，宝宝还小，还丢不动球，大了就丢动了，我们大了再玩好吗？”原以为他会大哭大闹，没想到他很平静，乖乖任由我抱起。小哥哥看Beta不再玩球了，就捡回球继续拍了起来。而Beta一直在我的怀里盯着看，用那种向往的、略带伤感的眼神，目不转睛地看。

这种情感，是叫作羡慕么？“羡”字也许是说，只能仰望着别人的好（羡字上面的羊），进而发现自己有多次（差劲的意思）？我的心突然觉得被什么刺痛了一下，不忍心让Beta继续围观，抱着他向前走去。一路上，他的神色都是略带伤感的，或许不是伤感，而是陷入小思考，他就那样一副茫茫然沉浸在自己世界中的样子。我们路过了一位打太极拳的爷爷，平时每次路过打拳的爷爷，他都会要求观看一会，而今天他一副若有所思的样子径直经过。走过了一位骑自行车的姐姐，从前看见自行车，他都会从我的怀里滑下来摸上一摸，而今天他视而不见地走过。

我并不知道他在想什么，是对自己的失望还是对哥哥的羡慕？还是在想为什么球在自己手里就不听话？这可能是小家伙第一次面对这样的情感，他不知所措，我也不知所措。我搂紧他：“宝宝，你还小，还不会走路，等你大了，能走了，妈妈就给你买滑板车，你就可以开心地在地上滑来滑去；等你能跑会跳了，妈妈就给你买自行车，你也可以骑得呼呼作响；等你再大一点，妈妈就给你买足球买篮球，陪你拍拍陪你踢，你一定会玩得和小哥哥一样好。”

说这话的时候，我十分笃定，我以为我说的长大后的时光，一定会来到。但其实我忘了，从小到大有多少“长大后”的假设，并没有实现——我们以为长大后可以海阔天空策马奔腾，但其实只能坐在小格子间朝九晚五；

我们以为长大后我们可以指点江山激昂文字，但其实只能为了一粥一饭劳苦奔波。从小到大，我们有太多只能仰望和羡慕的对象，我们天真地以为“假以时日”是我们和他们之间唯一的距离。包括现在，我们也或多或少认为，当我们老到单位领导那么老，我们也能那般举手投足，也能那般畅游世界。但其实，Beta固然一定会长大，一定会有滑板车可以玩，一定有自行车可以骑，一定有篮球可以拍，但这个前提并不会得到后面的结论：Beta长到小哥哥那么大，一定能够把球玩的和哥哥一样好。

小孩子摆出一副太过深沉的样子总归是让人担心的。于是我拿出刚刚他丢来丢去的瓶盖来逗他。刚刚丢球的时候，他将自己的瓶盖暂时交给了妈妈保管。我该怎么形容Beta看见瓶盖那一刻的神色呢？就在看见瓶盖那一秒，所有欢乐的神采突然就回到了他的眉宇间，几乎是用夺的，他一下子抢回了自己的瓶盖，伴随着咯咯笑声，他将瓶盖丢到地上，然后示意我放他到地面上去，在我的搀扶下捡起了瓶盖，然后再次丢瓶盖，再次捡起，大战300回合。

“金窝银窝不如自己的狗窝”，是不是就是这个意思？我羡慕你拥有的，我也愿意去为之努力，但我更珍惜拿在我手里的，这不，我虽然拍不好球，但我还是可以和我的瓶盖欢乐地玩耍呀。

后来，我和Beta满头大汗地回到家，我们的神情是兴奋的，我们都忘了刚刚的沉思。直到晚上我将这件事情讲给Beta爸时才发现，这件事情带给我的触动，绝不仅仅是一瞬间。

这是Beta教会我的道理，带给我的反思。

我们觉得我们是大人，我们拥有着足够丰富的情感控制经验，但其实，我们真的比婴儿更深刻么？什么叫心理成熟，内心健康？遇到目标努力实现，每一次尝试都如第一次一样投入、一样努力；当发现目标不能实现时，也有小伤感，也会小忧郁，但可以果断放弃；虽然相信未来，但不盲目相信

“假以时日”就会改变一切，生活总有自己无法征服的无奈；即使如此，也对生活充满热情，珍惜眼前，珍惜现在，相信自己拥有的才是当前最大的快乐。这些Beta天生就懂的道理，又有多少大人并不明白？

你敢说你在如下这几个阶段，做得都比Beta要好么？“君子好逑而求之”阶段，你如他一般努力、一般投入、一般时刻保持新鲜感么？你能做到每一次尝试都如第一次一般认真仔细么？“求之不得上下思索”阶段，你如Beta一般适可而止么？如Beta一般接受现实及时放弃么？受了打击，你做到“我相信我就是我，我相信明天”的同时，是否会认识到有些技能根本不是人人具备、有些生活不是人人过得、人并非生而雷同？当你明白了这些道理后，你是否还会和从前一样珍惜热爱眼前的生活和幸福？还是虽然未直登山顶，却在心中“除却巫山不是云”了？

谢谢Beta教会了我这些道理，这些我们原本生而就懂、反而在生活中渐渐忘却的道理。

2.5感谢你让我做你的妈妈

一个普通的工作日早晨，我一如既往地忙乱。因为起床后在卫生间多呆了一会，错过了思考今天穿什么的时间。早饭吃到一半，突然听见Beta在卧室喊妈，小家伙醒了。赶紧放下碗筷，赶过去给他一个早安吻和一个大熊抱，等他赖在我身上吃过早安奶后，离出门的时间点只剩下不到十五分钟了。赶紧把Beta交给姥爷，自己开始从衣柜里捣腾衣服。袜子呢？一双长筒袜都找不到，没有袜子，穿裙子或短裤就会冷，不穿裙子或短裤，就要穿牛仔裤，牛仔裤呢？这条是冬天的，夏天的呢，夏天的呢？夏天的牛仔裤一条都找不见。

“妈妈”，我听见Beta在喊。“妈妈在找衣服，没有衣服就出不了门，出不了门就上不了班，上不了班就没钱买玩具”，我头也不回地答，手上依旧在抓狂地东翻西翻。“妈妈”，我又听见Beta喊。“宝宝乖，妈妈找东西”我依旧头也不回。“孩子一直在喊你呢，快看看他吧！”姥爷终于看不下去了，插嘴道。我一回头，发现Beta一脸无比阳光的笑容，张着一双小手求抱抱。这笑容瞬间征服了我，管他穿什么呢，我一把抱过他，亲他的小脸。

离上班的时间只有三分钟了，不得不放下Beta，开始收拾出门。是忍着冷穿裙子呢，还是忍着热穿厚牛仔裤呢？咦？这有一条打底裤，可是上面

要穿中长款的衣服才行，哪里有？一时间还真想不起来。沙发上这不有一件Beta爸的纯色衬衫吗？短袖，薄厚、长度正好，牛仔蓝的颜色，随手找了一条腰带扎在腰间，就这个了。

第一次穿着男人的衣服出门，心里总归有些不安。拍一张照片发给好友，叫她看看是什么效果，得到的回复竟然是还不错，同时也被她批评了：“为什么不知道把第二天的衣服提前准备好？晚上拿20分钟准备一下就好了。上个周日拿一小时出来，一周的衣服都可以准备好了！”

这就是已育和未育女人之间的代沟。她永远也不会明白，为什么每天晚上我都会有那么多的事情，要给小家伙洗澡，喂水果，讲故事，挂在身上吃安抚奶，躺在地上装白龙马，坐在床上陪他丢球一百次，躺在床上哄睡一小时。终于等他睡着了，起身上个厕所喝口水都要时刻听着门内的动静，洗把脸涂个晚霜都要小心警惕着床上的敌情，哪里还有心情和时间准备衣服？

至于周末，那更是全天候的服务，小家伙游泳，你要提前准备防水尿裤、浴巾、换洗衣裤；小东西去公园，你要备好辅食、水果、伞车吧；小东西上个早教课，那更是要带着他提前熟悉场地，整个上课过程全程托举下蹲转圈，一场课下来筋疲力尽，恨不得马上和周公约会，哪还有心情搭配衣服呢。小家伙的日常活动丰富着呢，哪一项不要当妈的鞍前马后？

“你就是活该，闲着没事生孩子玩，除了把你的生活变得一团糟，我没看到生孩子给你带来任何好处。”收到好友这条微信的时候，我正站在拥挤的地铁上，穿着老公的衬衫，扎着不知道哪条裙子上卸下来的腰带，踩着一双随手抓来的红船鞋，小心翼翼地试图从周围人的神情中判断自己的违和感指数。

我的右边坐着一对母女，女儿大概两三岁的样子，妈妈正拿着一本立体布书声情并茂地给她讲里面的故事。孩子边听边笑边用手拍打着书，妈妈笑

着继续讲故事。孩子穿着好看的公主裙，一双银色的小船鞋，头顶梳了几条小辫子，用辫子编出了一条发卡，其他的头发散下来，梳得顺顺直直。而妈妈则是一身的运动衣运动裤，头发简单得束成一条马尾。

“又是一个有时间弄孩子没时间管自己的妈，看来当妈的生活都这样不容易”，我叹了一口气，拿着手机，不知道如何回复好友的微信。

“宝宝，妈妈想给你读一首小诗”，我突然听见面前有人这样说。面前有一对母子，儿子大概有四五岁了，背对着妈妈面对着车厢站立。“诗？”儿子懵懂地重复，回过头去，伸手拿妈妈的手机。妈妈边说“手机上没有图，让妈妈搂着你读给你”，边把孩子转了一个方向，将孩子的身体转过来面向自己。孩子的头伏在妈妈的脖颈间，妈妈的脸摩擦着孩子的头发：

你用稚嫩的声音呼唤我，你用有力的小手牵着我，你认真地过好每一天，不抱怨，不含糊，感谢你让我做你的妈妈。

犹豫时你抬头望着我，快乐时你笑着告诉我，受伤时你哭着抱住我，不怀疑，不担心，感谢你让我做你的妈妈。

孩子偏了偏脸，把脸更舒服地埋在妈妈的怀里，妈妈伸手摸着孩子的头。

我开心时你跟着一起笑，我烦躁时你耐心忍受，我难过时你轻轻安慰我，不嫌弃，不厌恶，感谢你让我做你的妈妈。

我只能带给你简单的生活，你却能带给我巨大的快乐，我们理所当然的成为母子，不敷衍，不做作，感谢你让我做你的妈妈。

妈妈继续朗声读，我忍不住吸了吸鼻子。

这个世界那么宏大，这个天地那么广阔，都不及你随手送我的一朵小花，不争艳，不喧闹，感谢你让我做你的妈妈。

终于有一天你将离开我，找到属于自己的多彩空间，只留一个小小的

角落给我，但是，在那里，你送我的小花一直鲜活。

不论过程有多艰辛，不管结果能收获几何，你永远是我最幸福的牵挂，我想告诉你，感谢你让我做你的妈妈。

孩子把头深埋进妈妈温暖的怀里问妈妈："妈妈，这是什么意思？"

"这是妈妈在向你说，妈妈爱你。"

"我知道妈妈再说您爱我，虽然我不懂是什么意思，但是我听得懂，您在说您爱我，妈妈！"

孩子没有听懂，却知道这是妈妈在向他表达爱意，这是不是源于母子情感的天然纽带？

看着眼前如此温馨的场景，心中升起一阵柔软，我先是敲开好友的微信窗口，在她那句"你就是活该，闲着没事生孩子玩，除了把你的生活变得一团糟，我没看到生孩子给你带来任何好处"的后面回复道："妙处很多，难与君细说"，而后打开记事本，在上面记下了这样一段话：

"Beta，今天是5月20号，是所有人说我爱你的时刻。妈妈想对Beta说，妈妈爱你，也谢谢你爱妈妈。

妈妈之所以想和你说这句话，是因为妈妈听见了一首小诗，很有感触，Beta还听不懂那首诗，妈妈翻译给你听。

所有的孩子都是热爱生活的，比大人更热爱，当他还是个奶娃娃的时候就一刻不停地动啊动啊，有一点力气都要把它花完。从只会躺着的时候开始就开始练习，慢慢学会翻身，学会爬，学会走。这过程中，摔了很多个跟头，受了不少的伤，但依旧坚持练习。当学会了喊妈妈时就每天"妈妈"不离口，习惯了信任妈妈，犹豫的时候会抬头看妈妈，快乐的时候也会第一时间和妈妈分享，疼了也会马上奔到妈妈的怀里，好像有妈妈在就有了战胜全世界的勇气和力量。谢谢你宝贝，谢谢你让我成为了你的妈妈，让我有机会

享受到被人需要的快乐。

我是你的妈妈，你把我看成世界上最珍贵的财富，你享受我能给你的每一天，但我只是一位普通的妈妈，我能给你的其实很有限，但你不仅不介意，还很珍惜我们之间的情感。你有了好吃的，愿意先给妈妈吃上一口；你有了好玩的，也马上拿来和妈妈分享。你随手摘的一朵小花，叠的一只小青蛙，在妈妈眼里比这世界的一切都珍贵。谢谢你宝贝，谢谢你让我成为你的妈妈，让我有机会品味成为最爱的幸福。

但你终究是要长大的，未来你的世界将越来越大，你现在上幼儿园，有自己的小朋友，以后你上小学、上中学、上大学，除了有自己的朋友，还有自己的兴趣爱好，你有很多想要做的事，也需要很多的自我空间。你的生活会越来越丰富多彩，渐渐的，你就不会像现在这样依赖妈妈，妈妈不再是你生活的全部。但没关系，妈妈知道，就算你跑再远，生活再丰富，你心中也会有一个角落永远给妈妈留着，那里面放着的是我们一起度过的美好童年，那里面放着的是我们共同经历的美好时光。

Beta，今天是5.20，妈妈要再次对你说，谢谢你让我成为了你的妈妈，妈妈爱你，更谢谢你的爱。”

2.6这是我的责任，也是我的孤独

这是一个周三的下午，我在上班。我的座位临窗，坐在位置上一抬眼，就可以看见马路对面的中学里，萌芽待放的树木和一群生龙活虎的孩子。周三下午，在我眼里是一周中最难熬的半天——上个周末的休整带来的剩余体力已基本清零，下一个周末却还遥遥无期，更奈何下午又是那么的春困难耐。我就这样坐在工位上，端着一杯不温不凉的白水，发呆地望向窗外：早春亮而不刺眼的阳光、校园里即将开放的迎春花、马路上三三两两的行人。

杯子里的水很温吞，含一口不够暖，却也没有冷到需要冲热水进去的程度。一如我当前的身体状态，不清醒，略疲惫，却没有大病大痛，没到非得需要停下来休息的程度。喝一口温水，暖一暖咽下去，仿佛就这样发发呆，走走神，就可以赶走疲劳，重获精气神儿。但这疲劳，终究还是在体内，只是退居到某一个隐蔽的角落，略有合适的时机，还会再次破土重生。

我就这样喝着水，听着身边同事此起彼伏的键盘声、接打电话声、小声讨论问题的声音、甚至喝水、伸懒腰、打哈欠、叹气的声音，突然觉得很无助。

虽然最初，我觉得自己只是疲惫，但很快，我清楚地感受到那是无助。疲惫只是一种身体感触，而我此时此刻的感觉更多来自心里，或者说由身体的疲惫而引起的心里感受。这种无助到来的时候，我不知如何应对它，就

比如现在——我是需要冲出这个四方格子，去阳光下晒一晒自己发霉的身体么？不是。我是需要马上滚回家里，美美睡上一觉么？不是。我是需要换一杯滚烫的开水，给自己补充一些热量么？当然也不是。

我是需要一把抱住儿子，通过亲子之情感受这生活给予我的美好回馈么？不是。我是需要打电话给老公，通过夫妻之情寻找认同感和安全感么？不是。我是需要向好友倾述我有多辛苦，通过朋友间的亲密关系来暂时脱离这日常的圆角分与柴米油么？好像也不是。

我感到无助，却不想做什么，也不想请别人帮我做什么来拯救我脱离无助。不需要他人的陪伴、不需要身心的放松、不需要其他的调剂。就这样捧着一杯温吞的水，用发呆的方式静静地感受着自己的无助感。

听起来很矫情是不是？但我想，如果你也是一名新妈妈，一名如我般不得不被家庭和工作撕扯身体的新妈妈，一名如我般不得不被生活中的矛盾撕扯灵魂的新妈妈，一名如我般不得不咬紧牙关独步向前的新妈妈，你会就理解我所说的无助。

昨天夜里三点，或许是两点，怀中吃奶的娃娃和身边呼哧呼哧沉睡的老公都不允许我开灯看具体的时间。我只能凭感觉猜测时间，应该是两三点。Beta每晚都会在这时候准时醒来，然后翻身寻找我，嘴巴里含糊不清喊着“妈妈妈妈妈妈”。我则一把将他揽在怀里，熟练地喂他奶喝。十几分钟后（或者更久），吃饱了的宝宝沉沉睡去，留下我一个人醒在黑暗中，再也睡不着。

我就这样静静躺在这里，连辗转于枕被之间都没有足够的勇气——儿子的睡眠一直就不够深，我不敢动作很大。就这样失眠着挣扎着等天亮。

此无助和彼无助是同样的无助。它起源于午夜独自清醒时的孤单，起源于午后困倦不堪时的疲惫，起源于小儿生病哭闹时的劳心，起源于为辅食绞

尽脑汁的无奈等。而所有的无助都通通落地成一点——一个人独走当妈路的无助。

当妈这条路，因为是独走，所以特别无助。感到无助的时候，我还是需要一个人来驱散疲惫，生活的回馈会温暖我的心，但不会赶走我的累；我还是需要一个人来战胜劳累，老公的理解与安慰只是鸡汤，不是灵药。当妈这件事儿，妙就妙在我们虽然一起走，却只能相望，不能同行：虽然你我一起在路上，但你我的路都只有自己。

原来当妈是如此的孤独与无助，竟然从来没有人告诉过我。这种孤独和无助，不是说没有人帮我：姥姥姥爷每日帮我照料Beta，使我可以正常工作；婆婆每每有空就会帮我陪Beta玩，使我能够得以休息；同事会尽量在工作中给我提供帮助，照顾我因缺少睡眠引起的脑力不支；朋友连聚会的地点都尽量约在我家附近，使我早回家照顾宝宝。这种孤独是说，只有我是他的妈妈，他的生命的最初几年，只有我是他最贴身的陪伴，只有我能为他提供最直接的保护和爱，只有我才最有责任携带他开始生命的漂泊。而这种无助是说，这样的陪伴、爱的供给、这样的漂泊，竟然没有彼岸可以到达，也没有候选人可以代替。

当妈的最初几个月，每次醒来都恍如隔世：这个一身奶腥味的小不点，他是哪里来的？我身上刀口、满床脱落的头发，以及被子上的奶渍都在告诉我，他从我这来。这个小东西改变我的身材相貌、生活作息、饮食习惯、思维方式，逼着我去丰富自己的知识面，逼着我去学会调整和控制情绪，甚至改变我的夫妻关系、职业前景。但上述这些加一起，却只是他对我的改造的1%，而其他的99%是他改变了我肩上的责任，让我变成了一名母亲——照顾教育Beta这件事上，我是唯一的第一候选人。我从来没有这么重要过。

对于Beta，没有人如我一般重要，这是我的责任，也是我的孤独。在我

疲惫的时候，我会觉得无助。但这又如何？生命本来就是义务多于权利，从我生下他的那天起，我就要背负着这条生命，和他一起开始生命的漂泊。但愿这段我与他绑定前行的时光中，我过得并非潦草、时间并未被我肆意挥霍。即使孤独无助，我也应带着我这崭新的生命，坚强地微笑前行，直到他可以独自生活，挥手向我告别。

2.7熊孩子的本质

Beta有一只吸管杯，他很喜欢，几乎走到哪里拿到哪里。刚刚拥有这只吸管杯的时候，Beta很宝贝它，每天小心翼翼拿在手里，爬到哪里都不忘来上一口。那时候的他总是恭恭敬敬地双手捧着杯子喝水，谨慎而又满足地小口咽下。

后来Beta渐渐长大，熊孩子的本质渐渐展现，对于这个深爱的杯子，也不再只是小心谨慎抱在怀里。小宝宝长到一定月龄，开始喜欢用自己的方式探索世界，对于这个爱不释手的杯子，Beta自然也探索出新的使用方法。比如拿着杯子使劲甩，将杯子里面的水洒得到处都是，这是Beta第一次在雨天出门后发明的新动作，不知道是不是在模拟下雨。再比如从杯子里面吸出一大口水然后用嘴巴喷出，这是他第一次见到喷泉后发明的，或许和喷泉有关。昨天的新发明是这样的。

Beta的小杯子用得久了，有一点点漏水，将杯子反过来吸管朝下，会时不时的滴出几滴水来。Beta第一次将水滴到自己身上的时候很兴奋，似乎第一次触碰到此类触感的液体：洗澡水游泳水是一片片的，天空的雨和广场上的喷泉虽是一滴滴的，却是自上而下的，有一定速度和力度。而吸管杯滴在身上的水，如成片的水一般温温柔柔的，却是一滴滴的！真好玩。

Beta有个好习惯，凡事必和妈妈分享。吃苹果时也不忘给妈妈吃一口，抓到了石子也不忘给妈妈尝一尝，最近竟然发展成吃饭的时候一定要喂妈妈一口。今天发现这么好玩事儿岂能不和妈妈分享？赶快在妈妈身上也滴上几滴。

“哇！”妈妈夸张地大笑，“哈哈哈！”

看见妈妈很开心Beta更开心，也跟着笑起来。马上再在妈妈身上滴上几滴。“哇！”妈妈继续夸张地配合。Beta接着哈哈大笑。妈妈拿过杯子，也在Beta身上滴了一滴。Beta兴奋地用手抹身上的水，哈哈大笑。就这样，你滴我几滴，我滴你几滴，开心地玩了一晚上。

这是晚上8点，到了Beta上床睡觉的时间。Beta玩心不减，舍不得上床睡觉，妈妈也舍不得来硬的，允许Beta带着水杯上床。床上铺好了隔尿垫，妈妈和Beta又在床上玩了半天，Beta才恋恋不舍地睡觉。

“没有你这么惯孩子的，哪有这么玩水的。”Beta睡着后，我拿着湿漉漉的隔尿垫出去晾，迎面碰见姥姥，问清楚情况后，姥姥批评道。

“小孩子么，哪有不喜欢玩水的。叫他玩高兴了也没什么不好。”我并不在意。

“这么顺着他可不行，你小时候有一只棍子，其实就是收音机上面的天线，伸缩的那种。你也是爱得不行，走哪拿到哪，见谁就用棍子点谁，你还记得吧？你那时候不小了，都上幼儿园了，天天那个没礼貌哟，我都不好意思把你带出去，大家看见你都说你没个姑娘样。Beta可别养成你小时候那样，到时候有你烦的了。”

还有这事儿？我努力回忆。好像真是，我确实有几张儿时的照片，上面都有一只小铁棍，照片上的我总是仔仔细细地把它抱在怀里，宝贝得不行。那段时间好像刚刚看了电视剧西游记，一下子成了孙悟空的脑残粉，碰巧拥有和金箍棒一样能收能伸的铁棒，兴奋得不能自已。吃饭、睡觉的时候就把

它缩成一节拿在手里，时不时摩挲一下，身边没人的时候就把它拉长，到处东耍西耍，好像自己是女版孙悟空一样。

一下子，我好像理解了Beta的兴奋。虽然刚刚我拼命迎合Beta使他开心，却并不理解他为何会如此开心，单单是玩水带来的快乐吗？他几乎每天都在玩水啊。他的快乐，是源于他发现了自己的“超能力”啊！

成长的路上，每一点新发现都会让孩子们无比的喜悦和惊奇，原来自己还有这般本事？简直就是超能力！最初那个躺倒的小人儿，渐渐发现自己原来有手，多兴奋，于是从此不停拿着小手在眼前晃。后来慢慢可以翻身了，发现翻过来的世界竟然如此不同，妈妈爸爸是反过来的，屋子里面的东西是反过来的，玩具们也都是反过来的，于是从此不停地翻翻翻。而后发现了小脚丫，发现自己可以爬爬，发现自己可以走走，原来自己如此厉害！发现自己可以抓饭吃吃，发现自己可以拿着杯子喝水，发现自己还可以让喝水的杯子下雨，太厉害了，自己简直就是“齐天大圣”！

每一点能力的发现，对孩子来说都是值得惊喜的。在他们还不知某项能力的原理、运用过程，不知某个东西的触感、味道、气味前，这些能力及物品就充满了神奇和神秘感。这可能就是所谓的自我意识萌芽。不幸的是，我们每个人都不得不错过自己的婴儿时期，无从得知自我意识萌芽对自己的影响；但幸运的是，我们可以见证孩子的成长过程，通过他们对自身“超能力”的探索和探测，反观我们的生命过程。通过对孩子探索的尊重和理解，通过对孩子自我探索过程的参与，减少我们对自身生命源起无从感知的失落和茫然。

我想，人之所以长成人，长成这样的人，是一个长久的过程，这个长久的过程离不开幼年时代的家庭教育，离不开青少年时期的学校培养，也离不开成年后的社会塑造，但最离不开的是这个人的自我探索。这才是这个人之

所以成为这样的人的原动力，这是生命对其自身想要成为的样子的渴望。对自身“超能力”的探索，是我们之所以成为我们的途径，也是我们之所以成为我们的内在原因。

随着孩子越来越大，他们的生活越来越趋于“成人化”，他们注定会渐渐地失去探索自己的兴趣。更多的能力因为已胜任，从“超能力”变成了普通能力。届时，他会到外面探索更大的空间，唤醒对世界更多的认知和感受，探索更大的“超能力”，我们的外星小怪物就这样完成了地球化的过程。

2.8第一次面对分离，虽悲伤，却坚信再相聚

时至今日，我还清晰记得人生中那第一次“重大离别”。那是在村头幼儿园的滑梯下，是那种老式的滑梯，铁质的，两面是楼梯，另两面是滑梯的那种。四条梯子交汇的地方是个很宽阔的四方形平台，不过这宽阔是真宽阔，还是当年那小小的我的幻觉，现在自然无从得知。

平台上面有一个亭子，下面则是四根柱子，那是我和他的“家”。他是一个和我一样大的小孩，称之为“他”是因为我已经忘记他的名字。平台宽阔，亭子自然很大，我们将亭子分割成多个功能分区，有卧室，有书房有厨房，有餐厅等。我们经常在这个家里做饭、吃饭、看书、写字、聊天、给小孩换衣服、哄小孩睡觉。这家幼儿园是他的母校，说母校是因为那个夏天他已经从这里毕业，即将升入小学，而我们俩则整个暑假都霸占了这座母校的滑梯，画地为家，围绕着滑梯用泥巴和树枝、杂草建起了院墙、菜园子和林荫小路。那天我们在这座滑梯下话别，不不，那天我们在自己的家里话别，因为女主人的暑假结束了，就要从姑姑家回到自己的家里去上学。女主人与男主人牵着手，柔情地分割子女和财产：

“妞妞给你留下了，记得经常给她换衣服，晚上要把她抱回屋子里，不要把她自己放在外面。”

“你要保护好我们的院子，不要叫幼儿园老师破坏了。”

“明年夏天我还来，我们把院子扩建一下。”

这都是我说的，因为我完全不记得他说了什么，什么反应，只记得自己的悲伤和对未来的坚信。悲伤是因为我第一次发现，原来要好的人还会分开？从前只有和小伙伴闹翻了才会暂时分开，这分开也不过几天。从前的生活是这样的，妈妈的单位有一群小伙伴，我们一起上单位的托儿所，一起升入当地的机关幼儿园，暑假后又会一起升入同一所小学。如果去向学校要求，和特别要好的小伙伴们分到同一个班级也不是什么难事。这就是小城的好处，从小的环境带给我们这样的感觉，生活中的幸福是稳定牢固的。所以我也坚信，明年我还会回来，后年也会，我们的滑梯家和家中的伙伴都会守候着我，守候着我这一年才来一次的“外出求学人士”。

而我下一次去姑姑家过暑假，却是六年后了。我没有再见过他，或许见过，但我已经认不出他了。那是小学升初中的那年暑假，村头的楼梯还在，竟然还是老样子，走时的泥巴院墙和菜园子自然不见踪影。一群六七岁大的孩子在楼梯上跑上跑下，从滑梯那一面反着跑上去，反而从楼梯那一面一步几个台阶地跳下来——孩子们已经对滑梯换了个玩法。十二岁的我站在滑梯下，想起那年我六岁，第一次面对分离，虽悲伤，却坚信再相聚。

同样六岁的外甥，前年也经历了这样一场分离。现在的孩子不像我们小时候那样封闭，交通工具的便利也使亲戚们经常走动变得方便，所以，那一定不是他第一次面对分离，但也是一场不一样的分离：从前的分离都是些常来常往的直系亲属——爷爷奶奶，姥姥姥爷，姑姑表哥，他见惯了大家来了又走，就和见惯了爸爸偶尔会出差一样。我这个表姨则是第一次走进他的生活，第一次陪他玩耍整个暑假，又在我们最如胶似漆的时候突然走掉。我们一起拼乐高，用拼好了的飞机模型玩航空大战，每次作战前我们都会现

场编一个新故事；我们一起在夜市玩套圈，拎着赢来的一大堆瓶瓶罐罐招摇过市；我们紧挨在一起吃每顿饭，你夹给我我夹给你；晚上睡觉，我们都要牵着手。我们都是回老家过暑假，小外甥没有想过他终究需要回深圳，也没有问过我什么时候回北京。我们就这样欢愉地厮守，直到我要回北京的那一天。

没有和小外甥安排话别，是因为他一直很欢乐的围绕在我身边，“小姨今天就走了”，这句话就在嘴边而我却一拖再拖说不出口。早饭的时候，看着他忙忙碌碌地帮我和自己盛豆腐脑儿，心想上午再说吧；上午看着他高高兴兴拉我打扑克牌，心想午饭的时候再说吧；午饭的时候看着他开心和我分吃一个汉堡，并示意我去咬那肉最肥美的地方，心想饭后再说吧。午饭后出了餐厅，迎面来了一辆出租车，外甥的妈妈也就是我的表姐，一把拦住车把我塞上去——大人们当然早就话别过了，自然不需要在车前依依惜别。小外甥显然很意外，拉着表姐的手大声问：“小姨干嘛去？”，表姐回答：“回北京”。我摇下车窗和他说：“宝贝，小姨一直没找到机会跟你说再见，怕你不开心，明年夏天来北京找小姨玩好吗？”

那个小人当时是平静的，被表姐拉着站在那里，略带茫然看着我，随后转回身，跟在表姐后面回家。可据表姐后来转述，那天下午他大哭了两次，还多次追问小姨什么时候回来？等以后他去北京上学就找小姨玩。

我那六岁的小外甥，面对突然的分离，一如当年六岁的我，即悲伤又坚信。悲伤于与忘年好友相守热络时的突然分离，同时也坚信自己长大后一定会到北京与她再相聚。

前两天晚饭后在楼下带Beta遛弯，每天晚饭后的遛弯都是这样的流程：先去小区花园里面看会儿奶奶们跳广场舞，时不时跟着扭一扭，然后去滑一会滑梯，这时候一起玩耍的小伙伴也出来遛弯了，是一名大Beta一个月的姐

姐。和姐姐一起抓抓泥土揪揪树叶，天色渐暗的时候回家洗澡睡觉。

那天看了广场舞、滑了滑梯后，却没见姐姐出来，Beta一个人看了会地上的蚂蚁，觉得有点百无聊赖，示意我抱着他围绕小区走一圈。我抱着他从小花园里出来，走过医院、走过幼儿园、穿过一片海棠树、走到了小学门口。小学的大门从前都是关着的，那天竟然是开着的。从来没有进去溜达过的Beta很兴奋，咿咿呀呀地示意我进去看看。我们来到大门口，没看到门卫，也没瞅见老师，准备进去“探险”。

“站住，不准进！”

不知道从哪里传来一声大喝，吓了我一跳。回头一看，原来是一位小朋友。到我腰部左右的身高，左手一跟树枝，右手一个铁圈，一副哪吒闹海的模样。

“你是这的小学生吗？

“我是小学生，不是这儿的。”

“那你为什么拦下我们？”

“因为我要先帮你们进去探个究竟。”

“哈哈，你进去和我进去不是一样么。”

“我跑得快，我会隐藏，你不擅长。”

“你会隐身？”

“不会，世界上没人会。”

“那你有隐身衣？”

“这个世界上就没有隐身衣啊！”

“那你凭什么觉得你比我会隐藏。”

“你好多问题哦，我也问问你，你猜我在什么小学上学。”

“就在这个小学啊。”

“不是的，我不在这个小学，我的学校很远的，你好好想想，两个字。”

“两个字？东城、西城？”

“不是啦”

“房山、大兴？”

“哎呀，不是啦！真笨，我是福建！”

接下来长达半个小时的时间，我和Beta都在小学门口，和这位来自福建的小朋友玩跑来跑去的游戏。具体过程大致这样，我们假设小学是一片敌区，我们现在要攻下它。福建小朋友是先锋官，我和Beta是大部队。我们在先锋官的带领下快速冲进大门，然后占领操场。而事实上，整整半小时，我们都在重复这样的动作，小朋友从门左侧的大树跑到右侧的大树，大喊：“我隐蔽好了，后面的部队跟上！”，Beta就示意我抱着他跑过去，隐藏在树后。然后小朋友再从马路这边跑到那边：“那边有敌情，快到这边来！”，Beta再示意我跟进……不知道什么时候小朋友手里的树枝已经到了Beta手里，俩人就你一个铁圈我一个树枝的围绕着小学大门跑来跑去，只不过人家用的是自己的脚，Beta用的是妈妈的脚。

我们也会在小学门口停留，先锋官会在门口打探敌情，纠结于到底要不要现在发起进攻，可惜这是一个胆小的先锋官，每次刚刚闯过大门口，就会大叫一声“有敌人”而后撤退，他的跟屁虫Beta小朋友自然马上示意我跟着撤退。所以半小时我们也没有攻破小学的大门。

“这场战斗太费体力了。我们今天休战吧，明天再来。”

“再攻一会就能攻下来了。大部队坚持一下。”

“大部队坚持不住了，大部队要回去洗澡睡觉了。”

“大部队怎么睡的得这么早，我的小表妹都不睡这么早。”通过聊天知道，他是来探亲的，舅舅家生了一个小妹妹，他和妈妈过来看望。

“她是小宝贝，随时睡随时起，大部队是大宝贝，所以晚上要睡得早。我们明天来找你玩吧，好不好。”

“明天什么时候啊？”

“明天晚上7点，我们小学门口集合好吗？”

“可是明天我11点的火车就回去了。”

或许是我的错觉，我在小朋友的脸上看到了不尽兴的同时，也看到了一丝不舍，突然想起两年前的小外甥，也是这般年纪。心中有种柔软的情感升起：“那大部队再陪你玩一会，一会天黑了就肯定要回去了，不然他会害怕，好不好。”

十多分钟后，小朋友跟着气喘吁吁的我和哼哼唧唧不想离开的Beta一起向我家方向走去。“一会要不要上去坐坐？”

“不要了，天黑了没回去，妈妈会骂。”

“那赶紧回去吧，阿姨送你到楼下。”

“不要，我送弟弟。阿姨？”

“嗯？”

“我来北京上大学的时候你们还住在这个小区吗？”

心中一惊也一暖：“在啊，阿姨会在这里住到弟弟高中毕业的。”

“那好啊，我上大学的时候来找他玩啊。”

“好啊好啊！”

这位六七岁大的福建小朋友，带着他的不尽兴与不舍，在我家楼下与Beta依依惜别。与Beta的相遇虽短暂，却足以使他憧憬和规划着下一次相聚。

不管是幼年的我，两年前的小外甥，还是前几日的福建小朋友，都对再次相聚充满最真诚的期望、抱有最美好的幻想。这是孩子们的情感，比大人

们更炽热、真诚，比大人们更深切、投入。看着怀中的Beta，我知道有朝一日，他也会经历这样的不舍，然后认真地希望和幻想着下一次。届时，我一定会拥他入怀，告诉他妈妈虽然已经没有你这般善感和炽热，但妈妈理解你的情感、羡慕你的感受。

2.9一切都在变，还好有你，并不变

和琼的第一次见面是在大学宿舍里。我们是一个寝室的室友，这无疑是大学生活中最亲密的先天关系。我们宿舍四个人，我是第三个到的，琼是第四个。我收拾好行李，空开时间仔细观察寝室中另外两个女生：竟然都是萌妹子，皮肤白嫩，说话软软糯糯。九月天的北方虽说不算闷热，却也暑气未退，和软软糯糯的姑娘们轻柔地聊天，就像在吃奶油蛋糕，虽甜软却不时觉得口渴。

这时，琼来了，一身青色系衣裳，轻逸进来，清清爽爽，更像是一只移动版的鲜果时光棒冰。可能是那时的我太过口渴，以至于十三年之后的今天依旧清晰记得当时对琼的印象。

大学时代的友情来的得突然，发展得也快。说是成年人，其实都是第一次离开家的孩子，吃饭、洗衣服、买东西、看电影，样样事情都要自己张罗，没个伴怎么行？大家都有交朋友的心，缺少的只是个契机。我和琼从性格到爱好上都不相似，但同屋居住就是个很好的契机。这就是学生时代友情的美好，简单、直接、不功利。只需要地利与人和，就可以成就一段友谊。很快，大约军训刚刚结束，我和琼就成了最好的朋友。

我们的宿舍朝北，多半时候背对着阳光，却也背对着男生宿舍。读过

大学的人都知道，正对着男生宿舍的女生宿舍会有多少的麻烦与不便。我们的宿舍子对着一条甬道，甬道对面是浴室、超市和开水房，这样的格局注定了热闹。总有人站在路上打电话，总有人拿着浴巾去洗澡，总有人提着八个暖水壶打开水，总有人从超市进进出出买东西，总有人在这条马路上相拥热吻，也总有人在这条马路上哭泣吵闹。面对着这样一条热闹的马路，我们还有大把的空闲时间需要消遣，这条马路就成了我们打发时间的好途径。夏天的黄昏，暑热退去的时候，我和琼一人拿着一只冰棍靠在窗口，一边感受着路上散发的余热，一边以围观者的身份观看着这所大学中发生的、或关乎友情或关乎爱情的故事。而冬天，特别是北风夹着大雪的风雪天，我们关紧门窗，一人一杯热水站在窗前，看窗外的行人穿成包子般快步行走，带给窗下更多的留白，似乎给热情的、精力旺盛的我们一点思考的时间与空间。

可惜我们对这样的思考空间和时间留白并不领情，更多的时间我们用在了一起逃课、一起逛街、一起胡吃海喝上。和所有未出大学、未经世事的年轻人一样，我们对未来没有恐慌更没有规划。好吃，也是年轻姑娘的共性，我想这一定与“那时候怎么吃都吃不胖”有关系，年纪小、胃口好、身体棒。我们两个人常常一顿吃下三斤半重的水煮鱼，配以若干凉菜。那时候的我们迷恋肯德基、麦当劳这种洋快餐，有那么一段时间，肯德基推出一款叫做鸡翅桶的产品，六对奥尔良烤翅或者八对香辣炸翅组成一个桶。我们为此兴奋不已，因为她喜欢炸翅我喜欢烤翅。我们常常跑进肯德基点两份鸡翅桶，抱着跑到一个角落里，嘻嘻哈哈全部吃下。我们总是把自己吃过的骨头塞到对方的餐盘下，然后大声调笑：“哈哈，你又吃了那么多”，我们当然不是介意自己看起来吃很多，这只是年轻女孩的玩笑方式。

我们一起吃，也一起逃课。逃课的时候，我们一起宅在寝室，洗脸、护肤、泡脚、试衣服，都是青年女孩细细碎碎的小事儿，却可以打发掉大把的

时间。那时候的日子真是安逸，所有的事情都可以慢慢做，好像永远不缺时间一样。可不是么？年轻最大的财富就是手捏大把可以随意挥霍的好时光。

当然，我们偶尔也一起上课。这个偶尔一起上课不是用来修饰一起，是用来修饰上课的。偶尔我们也上课，但是很少用心听讲，我们会对台上的老师品头论足，多半评价老师的长相。我们的想象力还算丰富，也有着黑老师的高度热情，所以不管我们把台上的老师说成什么，对方都会觉得，真对，好像。我们评价这个老师长得像鲶鱼精；说那个老师长得像小金鱼；批评某某老师作为一个大男人竟然好意思长得如此贤惠，然后捏着嗓子去学他老婆那尖利得似乎能刺破长空的声音。偶尔我们也像好学生那样，坐在教室的第一排，为的是更近距离聆听老师口中那不知来源于何处的乡音，然后躲在座位底下偷偷捂着嘴巴笑得浑身发抖。虽然现在回忆起这些，我为我们那时候的不懂事脸红，给老师起外号，私下里嘲笑老师，是极其不礼貌和不妥当的行为。毕竟走入社会后，不会再有人像老师那样给我们孜孜不倦的教诲，而我们却没有给予老师足够的尊重与感谢。但那时候的我们还年轻，这种孩子般任性和自私的欢笑，恐怕也只能属于那时候的我们，成为我们以后一份特殊的美好回忆。

和所有被虚度的大学时光一样，回忆起大学生活，我能想起的只有此般少不经事的欢声笑语。四年的大学时光，就这样欢笑间匆匆渡过。不幸的是，大学四年，人生中最精力充沛的几年，就这样被我们虚度；幸运的是，我们在人生中最精力充沛的几年相互陪伴，毕业后也从未分开。我们就这样用时光、用纯真、用陪伴浇灌着我们的友情。毕业后的我们仍在一个城市工作生活，每月甚至每周，我们都会以各种理由聚在一起：两人的生日、妇女节、情人节、谁大病初愈、谁出游归来、谁换了工作、谁找了男朋友等。

大学毕业到现在已经九年。前七年，我们一起保持着频繁稳定的相聚频

率。当然，随着人不断长大，我们的聊天内容也发生了转换，从从前的简单调笑变成了讨论工作、吐槽男人。那个时候生活中的矛盾很单一，除了工作就是男人，而且工作是工作、男人是男人，不像现在，孩子夹杂着工作，孩子夹杂着婆媳，孩子夹杂着男人，孩子简直就是矛盾的杂糅体。我们在冰冷的冬季坐在靠窗的位置吃火锅，火锅的热气在窗户上熏出层层白雾，白雾下大口吃肉的我们大谈工作中的如意与不如意，身边男人的靠谱与不靠谱。

相比于现在，那也是一段简单而快乐的时光。那时候的一切都是淡淡的，不快是淡淡的，快乐也是淡淡的，一切都比现在容易应对得多。不像现在，不快是猛烈的，矛盾是不得不解决的，疲惫是持续的，当然源于Beta的那些快乐幸福感也更浓烈。在那些简单快乐的时光中，我们简单快乐相伴。

后来有了Beta，那时候的他还只在我的肚子里。向琼宣布这个消息的那一天，我们拥挤在一间人头攒动的烤鱼店，带着各自的男人一起吃烤鱼。突然我告诉她："我们现在是五个人在吃饭"。一开始琼没有反应过来，这样突然的告知方式，搁谁谁都反应不过来。我又重复了一次，"我们现在是五个人在吃饭"，琼突然兴奋大叫，"啊，不会吧！"然后我们在拥挤的烤鱼店里互相握着对方的手，感慨时间的魔力，从前只知道吃吃喝喝的小姑娘都要当妈了。

孕期我写了一本记录我与Beta合体时光点滴生活的随记，写那本随记的初衷，一方面我想记录这难得的经历，另一方面也是真的被幸福感围绕不写不快。琼是我每篇文字的第一个读者，并坚持为我的文章配图。后来那套随记签了出版合同，有编辑老师问我这些漂亮的插图是哪里搞的，和文章的内容真搭。这让我觉得幸福甜蜜，这甜蜜不是来源于有人肯为我配图，而是来源于有人为我配的图，与我的文真搭。与其说是幸福感，不如说是安全感，拥有着永恒友情的安全感。

后来就到了这充满欢乐与烦恼、期待与不安的一年，因为我的时间和精力，这一年我们相聚甚少，更多的时候我们只能电话上网与聊微信。没有具体的事儿要说，无非是晒晒萌娃，聊聊老公，在那些疲惫而孤独的夜晚，有她一起说说话，也是莫大的安慰。

近期，大学同学的微信群里在组织毕业十周年聚会，明年就是我们大学毕业十周年的日子了。那将是我和琼相识的第十四个年头。十四年，我们从少年不知愁滋味的毛头丫头成长为力大无穷、耐心无限的万能妈妈。十四年前，我们倚在窗下怀抱一杯热水看马路上三三两两的同学；十四年后，我们奔跑在生活的路上主动剖析内心给世人围观。这就是时光的魔力，不管好还是坏，时光都在推着我们前进，不给我们那么多喜悦或伤感的机会，只是奋力地推着我们向前、向前、再向前。所幸的是，我们自成年后的这条时间轴上一直有彼此，我们或怀念或不怀念的过往，都因彼此的陪伴蒙上一层温柔的色彩，我们或期待或不期待的将来，也都因彼此的陪伴而变得不那么茫然。爱情在变、婚姻在变、工作在变、生活在变，还好有你，并不变。

第三部分

跌跌撞撞，拉拉扯扯向前

3.1 夜奶如仇，进退无路

你尝试过午夜三点喝上一杯自制姜撞奶的感觉吗？这杯奶还是老公给做的。

这不是秀恩爱，事实上现在的我深深理解“秀恩爱死的快”这句名言，也就在十个月前，我那现在可当作空气直接忽略掉的老公还对我的生活起到很重要的支撑作用。我甚至还在孕期的文中，浓墨重彩的描画他温柔贤淑的优良形象，还捉刀代笔的替他写了一篇准爸爸上岗心得，一篇新爸爸上岗手记。写那篇准爸爸上岗心得的时候，我刚刚结束孕早期，每天伴随着孕早期的各种不适享受着老公对肚皮虔诚而真挚的目光，一种现在被证实是错觉的感觉在心中冉冉升起，直至孩子真正降生才落下序幕，这种错觉就是：我坚信现在是我一生中最艰难的时光，后面等待我的是自在舒适的孕中期，可肆意骄矜的孕晚期，以及无比光明的妈妈时期。有温良恭俭让的老公，有聪明乖巧的孩子，“夫贤子孝”这四个字将成为我后半生美好生活最贴切的描绘。

而现如今，午夜三点的我揉着酸痛的胳膊喝着高热量的姜汁红糖+牛

奶，猛然想起从前过来人的规劝，发现真的是“听人劝吃饱饭”。

我现在喝的这杯奶是老公热的，再次强调，但这绝不是在秀恩爱。虽然这是现阶段，我对他称得上满意的、少之又少的几件事。当妈之后，每晚的时光都是这样度过：半夜十一点，Beta第一次醒来，拍，哄，奶睡。半夜一点，Beta第二次夜醒，拍，哄，奶睡。半夜三点，这小子第三次嗷嗷嗷，不想继续奶睡，怕后面形成依赖，其实这担心已经晚了，现在已经形成依赖了。但总归会担心现在如此频繁的夜奶与奶睡，后面想断奶的时候怎么办呢？还是控制一点吧。这一次就别奶睡了，拍拍看。果然，只拍是不管用的，还得抱起来。抱起来还是哭，嘴巴里面哼哼唧唧的，一狠心站起来抱，将他的头扛在我的肩膀上，这是他午睡时姥爷哄睡的标准姿势。夜半站起来抱娃为何需要“一狠心”，我想就不用解释了，都是妈，都懂睡得迷迷瞪瞪不得不钻出热被窝保持直立的感受。

站着抱也没有起到多大作用，二十分钟了小家伙还在哼哼唧唧。最后还是我妥协了，理由是小孩子的睡眠也很重要，还是不要和他较真了，但其实也是敌不过自己的疲惫。抱着他躺下，喂奶之后不久他便再次进入梦乡。而我却再也睡不着了，睡着的时候不觉得，醒过来突然发觉好饿，我有慢性胃病，饿久了会胃疼。翻身下床去另外一间屋子喊醒老公，告诉他我要喝一杯姜撞奶。他麻利爬起来，倒不是担心我饿，是害怕我一身的火药。自从升级当爹之后，他也练就了这样一副本事：察言观色，这本事一方面用于应付我，一方面用于向我发难。“张弛有度”用在他身上很合适。

丢几片姜片和几块红糖在牛奶中，在火上熬出小泡泡，倒在碗里，然后给我一包面包，还不忘调侃我一句：“这是要胖死。”而后快步回到自己床前，秒睡。留下我一个人啃着面包片喝着牛奶思考着一个和生命息息相关的话题：为什么有的人醒来后马上就可以再睡着，而有的人却夜夜失眠很久、

很久？

也是，从孕期开始，Beta可能是继承了我孕期的习性，才会如此频繁的夜醒，换成谁估计也都得神经衰弱。

那些夜晚从来不醒的好小孩，就和可以帮得上很多忙的贤老公一样，永远只存在于广告中、帖子上、别人家里。自出生第十二天从医院回到家，到现在十一个月大，整整320天的时间，Beta小朋友没有一晚不吃很多次夜奶。遥忆当年Beta小，做事胆胆怯怯的，夜晚醒来不敢大哭，只是不断呜呜咽咽，好似软妹子一般。但即便是当年那么软妹子，人家也是坚持着不把夜奶吃到口绝不睡觉。而现如今人家早就不用那么温柔的方法召唤我了，夜间醒来，必然双手乱舞一通，还不停地叫喊。一副你不搭理我，我们就谁都没得睡的样子。

虽然夜半爬起来找吃喝的事儿每月只做两三次，但半宿、半宿的失眠这场景却几乎夜夜上演——有时候是因为Beta闹久了闹得我熬过了困劲儿；有时候是外面的月亮太明亮；有时候隔壁老公的呼噜声太过嘹亮。说来也怪，只要下半夜的我是清醒的，下半夜的Beta就很少吃夜奶，不知道是不是诚心和我为敌。而人家只要每次醒来，就必然要喊醒我喂奶。有过那么一次，我们两个僵持在那里，他把睡袋扭成各种怪异的形态，一次又一次地爬到我怀里。"你马上是大宝宝了，不能夜夜吃那么多次奶""你要努力睡整宿觉，不然就不能长大个了""你总半夜不让妈妈睡觉，长此以往妈妈就要困死了"。好言相劝，无果。人家根本不为所动，哇啦叫，仿佛在说，我到底是不是你亲儿子！最后我妥协了。

要不就断奶吧，Beta姥姥、爸爸，甚至我都无数次对自己这样说。话虽这样说，实践起来却困难。每天晚上小家伙洗好了澡，喝好了水，用掉了所有抓这弄那的体力，困得只剩下揉眼睛搓鼻子的力气时，他就会"啊啊啊"

的喊个不停，这就是在要奶吃了。尝试着交给别人哄睡，人家不干，嗷嗷直哭。偶尔加个班或出去吃个饭，他犯困的时候没回来，人家就那么困兮兮的等着，躺在床上只剩下抠抠手指头的力气，也要坚持着等妈妈回来才肯睡去。看着这么小小的人儿，竟然有那么大的意志力和瞌睡做斗争，也是蛮拼的。

于是就这样明日复明日、明日何其多。教科书上说，断奶要分步骤断，一顿顿的来，教科书上还说，断奶的时候宝宝有意见，要温和而又坚持。可惜理论不是实践，教科书上并没有告诉我，如何在半夜十二点熊孩子嗷嗷直叫时战胜自己的瞌睡保持温柔和坚持。于是每晚我不是败给了自己的瞌睡，就是败给了熊孩子嗷嗷的叫声，总之每晚都有妥协的理由，不是“要不再给吃一晚吧，不然自己也睡不了觉啊，睡不了觉明天怎么上班怎呢”，就是“要不还是再吃一晚吧，这嗷嗷嗷的，左邻右舍也受不了啊，再说孩子半夜这么哭，对身体发育也不好”。

Beta爸说，真正断不了这个奶的，不是Beta，不是Beta的睡眠，不是我的瞌睡，而是我的内心。是啊，哪个母亲忍心看孩子哭闹的可怜样。好吧，我虽视夜奶如仇敌，却真心进退两难，进很累，退却不舍。

也罢，既然退不舍，那就选择享受这眼前辛苦却幸福的时光吧，因为我听到我的心向他说：宝贝，希望你好眠，就这样平静的睡着，妈妈会一直守在你身边。

3.2对于早教

我对早教有着复杂的情绪。

可惜这个情绪不是来自报名早教班之前，而是之后。所以这种复杂的情绪不仅没法落地成一种实体的行动，甚至连纠结的权利都不给我——如果在报名之前情绪复杂，我还可以在报与不报中纠结；如果在试读期情绪纠结，我还可以在退与不退中纠结；而现在，我不仅报好了班还上了接近1/4的课程，剩下的课如果不上，那将是1万好几的损失，我们小门小户的，怎么会舍得这么多的钱白白浪费呢？

所以我只能下一周继续带Beta上课。

其实很久以前，我就想写一篇有关早教的文，我当时想说的是：早教是一个解放妈妈体力、锻炼孩子社交的好地方。早教班虽然是一笔价格不菲的消费，但其实也不用一定要千挑万选，你看我冲动下订购的课程不也不错？我儿子在里面玩得很开心。

因为缺少值得写下来的故事和示例，那篇文一直迟迟没有动笔，空空而谈多像是商业推广软文啊。那时候的我对早教班没有纠结的情感，只有喜欢和热爱。

那时候的我是真心认为早教是一个解放妈妈体力、锻炼孩子社交的好

地方。就算是“冲动购物”下的产物，也不会让人太后悔。这个早教班是在Beta十个月的时候报的。直到交钱的那一刻，我都没有思考过“为什么要给Beta报这个早教班”这个问题。“我希望他在早教班收获什么”“我对早教班有哪些预期？”这些问题事先都没有思考过。那天其实是这样的。

和所有职场妈妈一样，周一到周五Beta只能由家里的老人看护。所以周六周日，只要没有不得不做的事情，我都会全天陪着Beta，一方面是为了弥补每周工作日不能守在他身边的遗憾，另一个方面也是心疼爸妈，年纪那么大的人连着五天带着熊孩子疯跑，一定累坏了。

每个周末，我们或者去逛超市，或者去幼儿游泳馆游泳，再不就是去公园走走。一天过得又快又慢，快的是基本没做什么事情一天就没了，慢的是，怎么这么累，这么累还不到晚上啊！Beta正处于学步的阶段，非常想走却又走不利索，只能扶着他走。每天扶着他在超市里、公园里逛，都会累个腰酸背痛。报早教班的那天，我们刚从超市逛出来，小祖宗走性大起，从超市出来依旧兴致勃勃走心不减，我们只好到超市上面的商场接着遛。

走来走去就到了一家早教机构门前，工作人员看着满头大汗的我，邀请我进去坐坐，说里面有水有空调还有老师，我可以暂时把小祖宗交给老师自己休息会儿。虽然知道进去将面临推销，但经不住有冷风、有冰水、还有人手帮忙的诱惑，最终还是带着Beta进去了。

那天接待我的工作人员，肯定是庆幸向我发出“进来玩会”的邀请。因为不到十分钟我就乖乖刷卡去了，虽然有冲动购物的嫌疑，但这个早教中心还是令我和Beta十分满意的——老师年轻温和、好沟通，环境干净清爽，设备齐全，玩具多，可以扶着走的地方也多。最主要的是，大孩子多，Beta一进去就屁颠屁颠地跟在哥哥姐姐后面爬，遇到可以扶着的地方就自己站起来扶着走，完全没有了超市里面缠着妈妈的样子。那就报一个吧，起码还有

个空调吹。不然每个周末找地方玩也是够费神的：不那么热的，地不那么滑的、东西多到禁得住Beta玩命探索的、而且探索起来没人管他的地方，除了超市，估计也就早教中心这一个地儿了吧。

不仅那时候的我，包括现在的我也依旧认为，早教中心是个锻炼孩子社交的好地方。早教课上，老师们打扮得很卡通，耐心陪着宝宝做游戏，一节课四十五分钟的时间，安排两个运动游戏，两个探索游戏，课程即紧凑，又轻松。同时还有孩子们自我介绍和交流的社交环节，当然因为宝宝小，自我介绍的交流环节由妈妈代替。小娃娃们的社交欲望在这个交流环节被激发起来，经常你摸摸我，我碰碰你。Beta就在早教班交到了两个好朋友，两个小名都叫果果的小朋友，一个是果果姐姐，一个是果果弟弟。Beta喜欢果果姐姐，果果弟弟喜欢Beta，于是Beta让着果果姐姐，而果果弟弟让着Beta。Beta经常从弟弟手中抢下玩具送给姐姐，估计有讨好姐姐的嫌疑，而被他抢了玩具的弟弟也不生气。相比于小区的中心花园，早教中心空间更集中，看护人也更放松，于是孩子在一起的沟通和互动也更多。要是有人问我上早教班的好处，我想第一个好处应该就是有利于孩子的社交。

当然，报早教班是要承受一定的舆论压力的。这些舆论压力来自妈妈们，在这个妈妈们都崇尚“爱和自由”式教育的年代，报早教班，经常被妈妈们解读成拔苗助长，解读成望子成龙，解读成功利心，解读成母爱的不纯洁，基本可以沦为千夫指。罪恶程度应该和给学龄儿童报奥数班、报英语班一样，被同龄妈妈们严重鄙视和唾弃。这不，晚上在小区里面溜娃的时候，和其他妈妈们聊起这个事儿，各种语气尖酸的说法就来了：

“你是有多希望你儿子出人头地啊，这么小就上课”，一个妈妈发难。

“老师都是陪着玩，和其他的孩子们一起。也是给孩子一个社交的空间。”

“在小区花园也能社交啊。不过我有同事也有你这样的，孩子才幼儿园

中班非给报辅导班学加减法，还说是孩子对数学感兴趣，可怜啊，孩子才这么小！”这是另一个妈妈。

“到底去学什么啊？”有妈妈问。

“这个年纪是大家一起爬，做一些游戏，这是体能课。还有音乐课，一起听着音乐玩玩小鼓什么的。”

“真这样还好，别到时候学很多规矩，孩子一点都不快乐。”

“怎么会？我儿子已经上了一个多月的课了，天天和小朋友打成一片，怎么会不快乐？”当时的我这样回答，心里也是这样想。那时候Beta十一个月大，在“低年级”就读，上课氛围宽松自由，孩子们可以随意的玩耍和探索。Beta很喜欢上课的老师，也喜欢果果姐姐，每天欢天喜地上课，开开心心玩耍。

但最近，自Beta升入“高年级”上学后，我就开启了上述“复杂的情绪”模式。这源于刚上完的、让我感觉不太舒服的一节课。

这节课是Beta升入“高年级”后的第一节早教课。“高年级”的课程安排与“低年级”相差不大，也是两个运动的游戏和两个探索性的游戏，只是运动的游戏从爬改成了走，探索性的游戏也不再是敲敲打打，而是给宝宝一些工具来尝试组装、粘贴、拼接等锻炼手眼协调性的动作。课程的安排差别不大，但课程的要求比“低年级”有所增加，不再放纵孩子随意探索，而是要求他们尽量按照游戏的规矩完成任务。

虽说是新的老师，新的教室，新的伙伴，但因为是在熟悉的场地，Beta适应得很快。虽然还没有完全会走，但在妈妈的搀扶下，还是摇摇晃晃完成了游戏要求的动作。第一个游戏是在一条高高低低的小路上将小鱼捡到篮子里，而后将篮子的小鱼倒入一个池子中。Beta捡得很卖力，倒得也很卖力，全程很开心，直到游戏结束的时候，老师来收篮子，Beta特别舍不得这个花

花篮子，抱在怀里不肯给老师，但老师还是拿走了它。这毕竟是一个集体的环境，别的孩子看见Beta抱着篮子不还，他们肯定也不愿意归还，这肯定会对下一个游戏的开展有影响。

Beta带着失落的心情投入到下一轮的游戏中，这一轮游戏，他只要走过障碍物，就可以坐上滑梯划到一个海洋球池里面。Beta很喜欢海洋球池，我们甚至在家里给他准备了个小的，他每天都坐在里面向外丢球，然后再爬出来捡，捡完了爬进去继续丢，乐此不疲。相比于游戏中的海洋球池，家里的那个简直弱爆了，比这个小太多了！看见海洋球池，Beta明显兴奋了很多，奋力穿过障碍坐上滑梯，迫不及待地进入池中，向外扔球。这一行为马上被老师叫停了。因为如果所有孩子都坐在里面向外丢球，外面很快就被扔的乱七八糟，老师们就无法进行后面的环节了。

Beta是在被老师抱出来的那一刻爆发的，他大哭不止，不同于以往撒娇撒泼时的哭声，他的声音中充满了委屈和不解，毕竟以他的年纪，他应该不会理解，为什么这里的球不能丢，家里的球池可以随便玩，正如他不能理解，为什么送给了他的篮子还要收回。

老师在收玩具以及帮助宝宝离开游戏场地的时候会唱再见歌，歌词的大概内容就是再见某一样东西。后面的环节中，Beta听见老师唱再见歌就会很紧张的盯着自己手里的小勺子——他从家里带来的、路上用来挖土的小玩具。

看到这些，我心里很不是滋味，更多的是担心。我不知道这些事情是不是会影响Beta安全感的建立，在他还不能理解物品归属的年纪，将给予的东西突然收回，会不会引起他的焦虑和担心？要不然那天晚上，他为何比平时更腻我，夜里醒来也会紧紧抱住我，是不是他担心有一天妈妈也会被没有理由地收走？

Beta爸对此并不以为意，他认为既然人是社会化的动物，就要学会据守规矩，既然在家没法给孩子建立规则感（宠爱的人太多了），在外面学学规矩也不错，叫他明白不是所有事情都可以顺着自己的心里来的。但我的想法却是，任何事物不都是要先建立起来而后才能规范它么？所以才会在感受到爱的基础上再讲付出，在感受到安全感的基础上再讲变化，在享受了自由的前提下再讲约束？而Beta现在正是感受爱，感受安全感，享受自由的年纪啊！

这就是我复杂的情绪，一方面，我相信早教课对Beta社交的影响，也迷恋早教课对我体力的解放，不是哪里都有免费的冷风吹；另一方面，我真心担心过多的条条框框会影响孩子的开心和快乐，会影响他安全感的建立。

最后，我决定暂时不去上抢玩具频繁的体能课，只上轻松愉快的音乐课。这个方法看似化解了我的纠结，但其实另一个延伸出的问题可能会在此后的若干时间中不断地折磨我：我们到底应该放纵孩子到什么样的程度，才能即给他足够的快乐和满足，又能使他适度明白些规矩？

3.3是溺爱吗

Beta长到九个月大小左右，开始越来越把自己当回事儿。从前去医院采集指血，最多皱皱小眉头，那还是在扎深了的情况下，如果扎得浅，完全不当回事儿。现在可不行，从坐在椅子上的一刻起就开始呜呜咽咽诉苦，扎的时候更是嚎啕大哭，一路上抽抽嗒嗒回家。一天内都会时不时想起来，举起那个扎过眼的手指头给你看，叫你吹一吹。

如果你跟他说："哪有这么夸张，没有那么疼"，那可就不得了了。有那么一次，我就说了这么一句，结果人家从医院一路哭着回了家，小眼泪如断线珠子一串接着一串，好像受了天大的委屈。

"都是你惯的"，我经常听到这样的批评，连经常被其他人批评的姥姥也反过来批评我。

今天我又被批评了，而且有点躺着中枪的味道，事情是这样的。

小孩子的精力总是无限的，从起床开始就东摸摸、西拿拿、南抠抠、北拽拽，总是做一些高难度的动作，难免会摔跟头。Beta早上就在撅着屁股拿球时结结实实的摔了一跤。

有关Beta摔了磕了碰了后，大人应该作何反应，这个科学命题在我家探索了很久。最初的时候大家都很紧张，着急地跑过去抱起他，好言安慰。

那时候Beta还没有把自己当回事儿，被扶起来后就立刻重新回到玩耍状态，惹得姥姥直夸：“真是个皮实的小伙子。”可惜好景不长，也不知道哪天开始，这个皮实的小伙子在摔了跟头被姥姥扶起后，会把脸埋在姥姥的肩膀上，一把鼻涕一把泪地抹姥姥一身。渐渐又发展成，如果不摸摸他的头，再抱起来晃晃，就一直地动山摇地哭下去。再后来，只要一摔跤，明明是自己起得来的，也会赖在地上不动，歪着头看着你嚎啕大哭。

这还得了，简直惯成了个熊孩子。所有大人意见很一致：要整改。姥姥摸索出来的经验是，熊孩子摔跤的时候，只要装作没看见，他就会收敛很多，虽然也会赖在地上观察一会，但只要你坚持装作没看见也没有听见，他就会默默地自己爬起来接着玩。

所以今早看见Beta摔跤后，我马上扭过头去开始看手机，装作完全没看见他倒地。Beta趴在地上咿咿呀呀，还“妈妈，妈妈”的喊，我装作无视。僵持了十秒钟后，小东西终于决定自己爬起来。可能是倒地的姿势不太方便，也可能今天真的摔痛了屁股，小东西爬起来的动作并不流畅，我忍不住鼓励了一句：“宝宝真厉害，加油。”

这一鼓励倒好，人家反而“啪”的一声，如同稀泥巴一般，把自己重新甩在了地上，再次进入大哭状态。我并不过去扶他，互相僵持着。半分钟后，他哭着爬起来示意我过去抱他。我示意他向我爬过来，我们又这样僵持了半分钟，最后各自向前一步走，顺利拥抱到了一起。

再次回到妈妈怀抱的Beta粘在妈妈身上不下来，还把一腔的委屈全部发泄到了妈妈的衣服上，眼泪、口水、鼻涕抹得妈妈浑身都是。到了要跟爸爸遛弯的时间也不肯下来，给穿鞋就踢掉，给穿衣服扭成一团，强制给穿就重新开哭。

爸爸终于在经历了几次穿上鞋就被Beta踢下去的打击后爆发了，当然是

向我爆发："都是你惯的！"

我就这样被判了溺爱罪。他列举如下罪状：不给孩子立规矩，甚至作他的帮凶，并且满足孩子的一切要求。

我着实回忆了一下，嗯，有时喂他吃饭的时候，他想拿着勺子自己舀，然后弄得饭菜到处都是。如果是爸爸，就会一把抢走他的勺子，告诉他不行；而我则手把手拿着他的小勺子，辅助他舀到自己嘴里，所以有时会忽略他把饭桌搞得一团糟。然后姥姥就出现了："吃的还没有掉的多，这么吃饭哪行！"

经常对Beta有求必应。带Beta在室外玩，他喜欢玩土、抠蚂蚁、在地上捡树叶子、小石头子。如果是姥姥，在他蹲下打算拾取垃圾的那一刻就会抱起他，还不忘展开卫生教育："地上多脏啊，好多垃圾，还有小猫小狗的便便，特别多的细菌，宝宝乖，不摸地面。"而我每次带他下去，不仅不管，还帮他一起找，告诉他哪里有新鲜物："宝宝你看，这里好像有个彩色的石头哦，快过来拿。"姥姥听见很崩溃，"怪不得没事就拉肚子，原来都是跟着你捡垃圾捡的。每天这么着哪能行，长大了也不知道注意卫生！"

虽然还没有走利索，Beta却很喜欢向上攀岩，比他高的桌子、沙发、抱起他都够不到的健身器材、楼梯扶手，只要他能有地儿放手放脚的，都想爬一爬。而我则会拖着他做这些高难度动作，也免不了偶尔失手会摔跤。爸爸看见Beta挂彩后总会来批评："惯孩子也得有个度，不能他说干啥就干啥，是哄他一时开心重要，还是把他摔坏了事儿大？"

看看，这都是我的溺爱罪的佐证啊。可惜上面的这些罪状，在我看来通通不算罪状，于是我这样反驳他们。

针对吃饭，我这样认为："小孩子有很强烈的求知欲望，他在一岁前后是自主吃饭意愿最强烈的时刻，如果这个时候没有把握住，他很可能到三岁

才能学会自己吃饭。而现在如果对他的欲望多加满足，可能很快就会自己吃饭了，弄掉一点饭算什么，弄脏衣服再洗洗就好了。”

针对捡垃圾和爬高，我会说：“捡垃圾和爬高都是孩子的天性啊，怎么能压抑他们的天性呢？等他们长大了，自然知道垃圾是脏的、爬高是危险的。而在他还不知道这些之前，他有探索的权利，作为妈妈，我也有帮助他的义务。”

虽然，对于他们的任何批评，我都有辩解的语言，但我是明白他们所说的“适度”的意思。

我的妈妈群里，我是有名的有溺爱天分的妈妈。因为我不会试图教育孩子，教孩子做我觉得正确的事情，强制孩子按照我的意志这样那样，或是在自己觉得必要的时候，使出父母对孩子情感控制这一大招，通过对他说：“妈妈生气了”“妈妈不喜欢你了”的方式来达到让他听自己话的目的。我绝不会这样，因为在我眼里，孩子有自己的一套逻辑，他们是小小外星人，还没有完成本地化。而他们的每一次尝试、每一声啼哭、每一个动作，都是他们完成本地化的途径和过程，他们只有通过这样的方式，才能完成我们和他们共同的目标，这个目标就是，成为大人，长成我们。

曾经在网上看过这样的一个说法：什么样的养育方式反映的是为人父母者的价值观。就算看过再多的教育书籍，听过再多的育儿例子，我们也会根据自己的喜好来选择，选择记住那些我们愿意记住的，选择相信那些我们愿意相信的，选择学习那些我们心里认可的。而我略显放纵的方式，究竟是溺爱还是理解，我说不好，家人说不好，书上说不好，过来人也说不好。究竟是溺爱还是理解，唯一能做这个判断的，只有长大后的Beta。

3.4 他终将成为他

这件事之前，我从来没把Beta当作人。说的有点“难听”，却是实话。

长期以来，在我眼里，Beta和小猫小狗没有什么区别——饿了要吃，困了要睡，醒了就要哄。小宝宝对妈妈的依恋是天生的，妈妈对小宝宝的照顾也是天生的。他利用他天生的本能屁颠屁颠地跟在我身后，我用我天生的本能给他喂奶、换尿布、哄睡，我们相处和谐，人群中他会一眼发现我要我抱。在我眼里，他就是我的一部分，我冷了我就会给他加衣服，我饿了就想着他是不是需要吃东西，我渴了就给他喂开白水，我困了就他把放在床上奶睡，而他也很少忤逆我，最多是呜咽几声代表不情愿，我一旦停止了当前的动作，他就会继续欢快地跟在我身后。

这件事之后，我才发现，天，这家伙有自己的情感和逻辑。

这件改变我看法的事情，简单来说是，他竟然学会了和他的妈妈我生气。

这件事是这样的，在他九个月左右的一天晚上，我下班回到家陪他玩耍，他爬来爬去的过程中不小心撞到了头，这种情况此前也经常出现，每次他都嘤嘤嘤的哭，可怜兮兮地看着我，如果我过去抱起他，吹吹撞的地方，他就会停止哭泣认认真真去玩耍，就像小狗摔了个跤，主人摸摸它的背以示安慰后，小狗就继续开心玩耍是一个道理。而这一次他撞头的动作比较搞

笑，撞后还坐在那里不断晃着自己的小脑袋，一脸“我好晕啊！我好晕”的表情，我觉得可爱极了，便哈哈大笑并说：“你的样子萌死了”。

就这样一句无心的话，小家伙一下子哇哇哇大哭，越哭越伤心，哭得肝肠寸断，上气不接下气。我试图抱起哄他，他竟然一把推开我，继续大哭不止。我才知道我又惹祸了。

最后姥姥抱走了他，从那时候起直到晚上睡觉前，不管我怎样哄他，他的都是不理不睬，并我和保持一定距离，如果我敢越雷池半步，他就哇哇大哭给我看。

这真是恼人的，怀他九个月，生下他九个月，他第一次这样与我步调不统一。这回倒好，竟学会和我生气了！

敢情人家也有自己的意识了，不仅有自己的意识，人家还有了全套的情感体系——人家有了自己的探测装置，探测到信息后翻译成自身的情感感受，结合到今天的事儿，就是：我撞头了你还笑我，你对我不友好；人家也有自己的判定标准、判断逻辑，结合到今天的事儿，人家的想法就是：我撞头的时候你笑我，你不是嘲笑我就是不喜欢我；进而有了自己的反应输出：你不喜欢我所以我生气，我生气就不理你；以及别靠近我，靠近我就哭，我生气，你难道不知道吗，我生气了！

小东西的自我意识一萌芽，就涨势迅猛。几天时间长出了一身的新本事，搞出了很多新名堂：以前给他吃樱桃，乖乖吃下半个后再张嘴要下半个，现在是一口气吃进嘴里四五个，在嘴巴里咂吧咂吧水后再连皮带肉一起吐出来，只吃水不吃肉；以前给吃樱桃吃樱桃，给吃蓝莓吃蓝莓，现在想吃蓝莓得吃蓝莓，想吃西瓜得吃西瓜，给换啥都不行；以前想几点带出去遛弯就几点带出去遛弯，现在每天睡醒午觉就爬到大门口，扶着门站起来，表示自己要出去。你不再能随便讲他在外面的趣事，如果他不喜欢

听，或者有些难为情，会咿咿呀呀打断你，甚至爬到你的身上试图握住你的嘴……

而对小伙伴的选择，小家伙也表现出了自己的喜好，喜欢小姐姐不喜欢小弟弟，甚至一边讨好小姐姐的同时还一边欺负着小弟弟。早教班里有两位叫做果果的小朋友，一位是大Beta一个月的小姐姐，一个是小Beta一个月的小弟弟。每次老师发小乐器、小球、小玩具，Beta总是毫不客气夺走果果弟弟手里的那个，然后屁颠屁颠送到果果姐姐手里。这绝对不是欺小怕大，要知道果果弟弟比Beta还高2cm，还重3斤，而Beta比果果姐姐高4cm，重5斤。

小东西十一个月大的时候，和爸爸生了一场大气，原因忘了，无非是哪句话没有顺小东西的心意。这气小家伙生了整整大半天：爸爸送水进来不肯喝，爸爸刚刚离开屋子，马上抱起吸管杯狂饮；爸爸想抱下楼去不肯去，一定要姥姥带下去才肯。

姥姥时常在小区花园里和大月龄宝宝的奶奶姥姥妈妈们聊天，姥姥总是试图听到这样的安慰："现在是最累人的时候，等孩子能完全听得懂你的话了，能走能跳了，你的好日子就来了"。但可惜，姥姥听到的都是这样的话："自求多福吧姥姥，更艰苦的日子快来了，小东西开始有自己的思想后，带他就不只是出力这么简单的事情了，和他斗智斗勇的日子就要到来了。从此，他就是个人了，你要和一个人打交道，而不是拉扯一只只会吃喝拉撒的小猫小狗了！"

他就要成为他自己了，就要成为一个独立的人，他马上就不是我的一部分了。其实，从剪断脐带的那一刻开始，他就是个自由、独立的个体了，他当然是他自己，他当然是一个人。但所有妈妈都知道，认识和理解到"他终于要成为他自己"这个命题，需要伴随着多少的失落与迷茫：从最初的完全拥有，到不完全拥有但完全控制，再到承认他是个独立的个体，最后承认他

是个过客终究要离开自己。每个阶段都涉及角色的变换和心态的调整，从最初的保护伞到最温暖的陪伴，再到最理解最体贴的关怀，最后不得不看着他离开。孩子们长大了，妈妈们却老了。

3.5最柔软、最治愈

正值初夏，天气热却不燥。今年北京的夏天来得似乎要晚一些，五月中旬的天气却好似往年的四月初一般，阳光亮而不刺眼，空气暖而不烦躁。

这一切都和去年不同，印象中四月初我就穿起了裙子。不过也许这都只是错觉，一方面，去年的我是孕妇，孕妇总是感觉热；另一方面，去年的夏天对于我来说，实实在在是一段燥热又烦躁的时光。

因为先兆早产，去年这时候我已经在家卧床了很长一段时间，每天无所事事躺着不动，直到五月中旬。五月中旬Beta足月，度过了危险期的我终于可以自由走动。每天早上，我爬下六楼去早市买一天的水果和蔬菜，买好后一点点挪上六楼。拖着足月的大肚子爬楼梯确实是个辛苦的劳动，于是我想象着Beta出生后每天爬上爬下带他出去晒太阳的情景，竟然在大热天里打了一个寒颤。

“真是一孕傻三年”，我在心里嘲笑自己，“这个房子已经卖出去了呀，Beta出生后我们就搬到新家里面去了”。这套位于六层老楼顶层的房子，前一段被我们卖了出去，一方面考虑老人来带孩子，每天爬上爬下辛苦；一方面也是房子很小，住不下三代人。因为孕晚期不方便搬家，买我们房子的小两口并没有催我们赶紧搬走，而是说等宝宝过了百天再动，虽然他

们已经付清了房款，也办理完了房屋过户手续。我们在相隔一条马路的小区定了套房，卖给我们房子的阿姨也照顾我是个孕妇，虽然讲定了房子，却也不着急催我们交款，办理后面的手续给我们足够多的时间，从从容容料理好现在这套房子的手续再说。

现在回想起来，那段时间是我们随身携带“贵重物品”最多的一段时间。房子卖了，而买房的首付还没有交，于是钱在卡里；孩子有了，而出生的日期还没到，于是人在身上。那也是这一年来最清爽自由的一段时间，等孩子生下来足月了，只待搬家。直到六月初……

恕我无法完整的描述那件事情的来龙去脉，不是因为篇幅，是因为不愿触及。我只能将其浓缩成一句话：在六月初的某一天，我们因为涉世未深，轻信于人，没有去考虑太多，焦虑浮躁等各种原因，总之，我们失去了所有存款，以及这套房子的房款。

这笔金额的巨大程度（对于我来说），是我无法用模糊语言能够表达清楚的，所以我只能如实的说，是我拥有的所有的钱。

六月初的那次产检，我在诊室里面和医生说：“我已经孕37周了，宝宝已经足月了，我想催产将他生下来”，我尽量保持平静，心平气和地叙述，但我控制得住自己的音调和音量，却控制不住自己的眼泪：“因为我的生活出了一些乱子，我每天心情都很糟糕。宝宝待在这样的环境里，我怕他会有意外。”那是一个不苟言笑的资深医生，从不帮病人催产，也轻易不实施剖宫产手术。她静静看了我几秒种后，伸手轻轻拍了拍我的手背：“没有事情比你肚子里的胎儿更重要，坚持一下，再坚持一周，好吗？38周，38周我就答应你的请求。”

我依旧回去待产，和以前一样，却又和以前不一样。依旧每天爬下六楼去买菜，依旧每天喘着粗气挪上六楼，依旧会在喘气的间隙偶尔想：“以后

抱着Beta上下楼岂不是要累死？”但有过这样的想法后，随之而来的想法不是“真傻，以后就不住在这了啊！”，而是：“Beta以后可以住哪儿？”

我在吃饭的时候对着菜想，以后还有足够的钱给他买喜欢吃的东西么？我在看电视的时候对着旅游节目想，以后还有足够的钱带他出去玩么？我在听说隔壁家的小朋友上早教班的时候想，以后Beta还有钱去上早教班么？一时间，我似乎戴上了一架无形的眼镜，透过这架眼镜看一切东西，映入眼帘的都是物品对应的价格，以及这些价格与Beta、失去的存款之间的联系。这样的状态下带给我无尽的压抑感，我刚刚感到无法呼吸，于是学着一些女文青的样子灌鸡汤，给自己，也给同样煎熬中的老公。

六月中旬那次产检的前一夜，我突然毫无征兆地破水了，原本是计划第二天再去医院向医生要求催产的。我想这应该是Beta在给我启示，于是我在微信朋友圈上发了一条这样的鸡汤：“Beta以这样的方式突然启动，是想告诉我们：突然到来的、令我们措手不及的、极大程度改变了我们原定计划和轨迹的并不只有灾难。但事实上，我哪里真的如自己装出来那般淡然？我躺在待产室的台子上打催产素，脑子里面想的是以后Beta住哪儿；我躺在手术台上打麻药，脑子里面想的是手术的自费药会多少钱？

Beta因为新生儿低血糖住进了新生儿ICU，我一下子进入到随身携带“贵重物品”最少的状态。房子卖了，买的房还没付款，但是钱没了；孩子有了，从肚子里面拿出来了，却不在身边。那也是这一年最烦闷的一段时间，孩子不在身边，即将居无定所。住院三天的双人病房中，另一张床总是传来宝宝咿呀声、咕咚咕咚喂奶声，传来大人关于月嫂费用的讨论，以及其他与人民币有关的话题。我就这样在别家小宝的咿呀声中，咬牙练习下床走路，从站起，到可以往前走两步，到走到卫生间，再到走出病房门。也这样在听见就内心一颤的人民币话题中，咽下产后第一口米汤、青菜汤、小米

粥、白煮菜。就在这样烦闷的心情中，坚持每3个小时用吸奶器吸一次奶，从没有，到2滴，到1毫升，再到10毫升。

那应该是我的人生路上迄今为止最痛苦的三天吧，身上插着两根管子：输尿管和输液管，心里插着两把刀子：Beta和人民币。虽然后面Beta回到了家里，心中的一把刀拔了出来，但另一把刀还一直塞在那里。白天抱着Beta，看着他，越是爱他，越是觉得对不起他，越是担心后面的生活。白天还好，忙忙乱乱一天就过去了，到了晚上，半夜三点喂奶后，听着Beta的呼吸，有时候甚至打着小呼噜，心里总是忍不住一阵阵难过：我原本以为，我起码会给他衣食无忧的生活，而现在却落得个居无定所。

与此同时，我和老公的关系也日渐紧张，一方面，为了安抚他、更是安抚自己，我每天给自己和他灌大量鸡汤；另一方面，我们又都能感受到对方身上浓浓的烦躁气息。于是我们之间经常出现这样的场景：一分钟前还在说，和钱有关的问题都是小问题，一分钟后就在为到底还能不能给Beta买这买那争执不休；前一天还在说，“祸之，福之所倚”，后一天就想“算了，挣扎不动了”。

我们就这样用自己的不安去double对方的那一份，用自己的烦躁去激发对方的戾气。我就这样以两天为一个周期，在白天鸡汤、晚上失眠、白天吵架、晚上再失眠的循环中，度过了一天又一天。那段时间，我得了好几次乳腺炎，腿疼腰疼胳膊疼，头发大把掉，体重迅速从孕晚期的140斤降到100斤，比孕前还轻了一些。

很多个夜晚，我躺在床上绝望，我不知道这种日子还要过多久，我甚至想：如果我们一直租房子住，如果我们的收入一直以来仅够维持我们的基本生活，该有多好？没有之前的拥有，也就没有现在的失望。我以为我会在很长一段时间维持这样的状态，然后或者通过爆发的方式引爆自己，或者通过

自我压抑的方式走向崩溃。

事情在Beta百天后突然有了变化，不是钱找回来了，也不是我们找到了什么方法解决掉眼前的麻烦，而是Beta学会了叫妈妈，从早到晚地喊着妈妈，腻乎着妈妈。我和别人说起这件事大家都不信，他们不相信一个三四个月大的孩子会叫妈妈，难道是有什么语言天赋？但Beta好像并无语言天赋，直到十一个月，他才勉勉强强学会了另外两个字：爸爸。Beta就这样每天喊着他唯一会说的字，开始了和我亲密无间的时光。

不会翻身不会爬的时候，Beta每天早上醒来就会眯着还没睡醒的眼睛到处找我，两只小手上下左右乱飞，一边乱抓一边嘴巴里面喊着“妈妈，妈妈”。如果没有抓到我就会大哭；会翻身了的时候，每天醒过就一骨碌身翻过来，满床地看，满床地找我；再后来会爬了，会自己坐起来了，就直接坐起来满屋子找，如果视线范围内没有找到我，必然是大哭不止，只有我去抱起他才会停止哭泣。同时一些游戏，他也只和我玩，我工作之外的所有时间，就这样被他全部占有。

晚上我拍着他，讲着《小蝌蚪找妈妈》哄他睡觉。他枕在我的胳膊上，我搂着他，他像一条大号的肉虫子一般在我怀里轻轻的蠕动，和他接触的地方，都是享受不完的柔软。夜半会醒来喂奶多次，会在他再次睡下而我还清醒的时候想起之前不愉快的记忆，但每当看到宝宝香甜睡在我怀里时，我都能够瞬间忘记刚刚所想，心里暖暖的，像是有了新希望。

从前给自己煲鸡汤的时候，我跟自己说，没有过不去的坎儿，没有翻不过的火焰山，就算眼前的时光使我们焦虑得就要冒起火来，也总有一天，这个火会灭掉。就算时间是一毫米、一毫米向前挨，也有迎来崭新一天的时候。现在再去回忆彼时的心情，却像是换了一世那么遥远。究竟是时间治愈了我，还是宝宝治愈了我，我不得而知。我只知道，Beta在他到来的这330

天里，用他自己的方式驱散了我眼前的阴霾，撕碎了我内心的绝望，救赎了我，救赎了我们的家。

感谢我的宝贝。

3.6不爱吃饭的小孩

姥姥：“Beta乖，张大嘴，吃一口。”

爸爸：“快点过来吃饭，吃完了再玩球。”

上面的话每个人每天都会说上几百次，因为我们家有一个不爱吃饭的小孩。称呼Beta为不爱吃饭的小孩，这并不一定是个公正客观的说法，因为这个世界上几乎没有妈妈在吃饭问题上对孩子满意。就算她家孩子每天都和饿鬼一样，看见饭菜水果就“嗷”一声扑上去，以迅雷不及掩耳之势一扫而光，满脸油花，两眼绿光，捧着空碗直叫：“妈，我还要！”，放心，只要不是顿顿都这个效果，妈就一定会对外宣称自己家孩子不爱吃饭。

小区花园里溜娃的时候，你听到的永远都是“我家孩子不爱吃饭”“我家孩子边吃边玩”“我家孩子吃饭不好”“我家孩子吃饭少”这样的评价，几乎很少有妈妈夸奖自己家孩子吃饭好、喝奶好。偶尔有妈妈夸，但转过脸去就小声说：“我这都是说给孩子听的，他现在不是能听懂我们说话了吗？我多给他点正面的暗示和鼓励，越说不爱吃就越不爱吃了。”看，敢情批评的妈说的都是心里话，夸奖的妈都是嘴不对心。

姥姥见不得Beta不爱吃饭，从早到晚都在喂喂喂。哪有喜欢别人打扰自己玩游戏的小孩呢，哪有没睡醒就愿意喝奶的小孩呢？于是Beta哇哇地叫。

姥姥的做法我不支持，但也并没有明确的反对。虽然不愿意这样填鸭式的喂，但不得不说，也怕孩子缺营养。偶尔Beta赏脸，大口大口地吃下虾肉、面条、西兰花、小油菜的时候，我仿佛已经看到食物中的钙、铁、锌、维生素、蛋白质正大批量地涌入他每一个小细胞，连头发丝里面都武装上了营养！那个心情舒畅的劲儿！

虽然享受姥姥填鸭的成果，但也看到这种喂法的坏处，而且这坏处更显而易见。Beta半岁的时候，尚且每顿饭敲敲盘子敲敲碗就能过的去；到了八个月就发展成必须一边玩玩具一边吃饭；再后来又发展成必须有人陪他扔球才可以吃饭；而现在，则是又要扔球又要敲东西；我看等到他会走的时候，估计就得追着跑着喂了。“肯定要追着喂啊，你小时候我就是这样喂大的！”姥姥十分肯定。

这可不是一个好兆头，姥姥的行为无形中是在告诉Beta：吃饭本身没有乐趣，需要额外找乐子才能吃下饭。但事实上，小孩子通过吃饭，不仅可以品尝到新滋味，感受到新口感，还可以锻炼咀嚼能力，体验从饥饿不安到吃饱后满足的变化，认识各种食物和餐具，慢慢学会自己驾驭餐具，这本身就是一件乐趣多多的事情啊！而现在姥姥的行为，不是在剥夺Beta获取上述乐趣的机会和权利嘛？

孩子的注意力都在玩具、扔球上，怎么会感受到西瓜的脆甜？怎么会体会到鸡蛋羹的鲜嫩？怎么会吃出虾肉的紧实？怎么会尝到鸡肉的鲜美呢？甚至连自己吃饱没吃饱都注意不到了吧，不过注意到了也没有用，大人们总是按照自己的标准来判断孩子，一般来说，停止喂饭的节点不是孩子是否还肯吃，而是我们觉得他还需不需要继续吃。

可是不硬喂的话，还能怎么样呢？我们也不可能由着他不吃饭。哪个家长舍得孩子不吃饭，一顿都不行！姥姥每次喂不进去饭的时候都会说：

“哎，真难受”。是啊，不吃饭几乎成了孩子对大人最好的刑罚了。

不想硬喂，又不能忍受他不吃饭，我渐渐摸索出了一些法子，专治小儿不爱吃饭。与其说法子，不如说是一些用于吃饭的小游戏，用来代替敲碗、玩玩具、扔皮球、掰开嘴硬塞。虽说这也不见得是个好方法，毕竟这也是在分散孩子的注意力，分散孩子吃饭本身的乐趣，但这些方法总归是结合了吃饭本身，把吃饭的过程贯穿在游戏当中，总是强于上述种种做法的。

这第一个方法是找个人和他一起吃，这个方法很奏效。这不是我的原创，可惜当初在育儿书看到的时候，这个方法并没引起我的注意。家有小孩，事儿那么多，哪里还找得到一个人力陪他吃饭？这肯定是没有实践的儿科医生瞎写出来的！当时我还这样想。后来有一次，我喂Beta吃饭，Beta爸正好在边上。本是给爸爸尝一下饭菜热不热，结果爸爸很不客气地吃了一大口，Beta随即跟着吃了一大口。咦？还可以这样，看来小孩子还真的是跟风啊。那顿饭我交替着喂Beta和爸爸吃，基本上你吃一口我吃一口，只是喂Beta的口大一些，给爸爸吃的口小一点。本来喂Beta吃顿饭要花40分钟的时间，那一天不到十五分钟就结束战斗了。原来有人做伴可以增加孩子吃饭的兴趣，小孩子吃东西敢情是靠抢的。发现了这个规律后，我经常在喂Beta吃饭的时候自己也吃点东西，或者找爸爸作陪，果然就会比之前提速不少。后面干脆在小区里面给Beta开发饭友，找那种和他差不多大的、家离得近的小朋友，谁不爱吃饭了，就端着碗去另一家一起吃。管保吃得又快又好。

方法二是叫宝宝自己参与到他的吃饭过程中。因为我发现，随着月龄的增加，Beta自己进餐的欲望越来越强烈，先是在吃饭的时候喜欢抢勺子和碗，后面发展成必须要给他也准备一套餐具任其自由发挥才行。最初发挥的时候，小东西还不知道把饭塞到嘴巴里，总是满地乱丢，后面渐渐发展成可以抓起一些饭或者用勺子舀起一些饭喂到妈妈的口中。后来Beta不满足于

喂妈妈吃饭，而是想把勺子里的饭喂到自己的嘴里，于是妈妈就拿着Beta的小手，辅助他把饭送到嘴巴里，经常是Beta喂自己吃一口，妈妈喂Beta吃一口。这样吃饭宝宝会保持极大的吃饭热情，只是效率会稍微低一些，要有足够的耐心，等待宝宝自己操作。

方法三是在吃饭的时候适当增加一些趣味性。小孩子吃饭经常是这样，开始饿的时候会大口吃，吃了一会不那么饿了，就玩玩这弄弄那，不再好好吃了，而家长为了哄他继续吃一些，就会拿各种各样的玩具来吸引孩子的注意力，结果一来二去，养成了孩子吃饭的时候一定要玩玩具的坏习惯。我探索到的方法是，在孩子烦躁前，就给吃饭的过程增加一些趣味性，既不使他觉得无聊能安心吃饭，又不给他玩玩具的机会。我经常这样做：事先准备好可以拿着捏的食物，比如特意给他包的小饺子、切成小块的水果、粘上一层肉松的米饭，等等。等到Beta吃得半饱想要玩玩具的时候，就掏出这些食物来，放在他的手上、妈妈的手上示意他过来吃。小孩子很买账，吃得特别嗨。

除了这些小游戏之外，哄孩子吃饭还有个重要原则，那就是定时定点、不吃零食。我觉得这是一条重要的规矩和制度，只是在很多人家没有落实，从前我家也是如此。姥姥追在Beta屁股后面喂饭的时候，经常是这样：八点吃早饭的时候觉得Beta没吃饱，十点赶紧补一顿水果或几个虾；十点吃了点东西到了中午十二点就处于饱不算饱、饿又不算饿的状态，于是就不好好吃饭；然后下午两点觉得中午没吃饱，还得再来点……结果一整天都在吃东西，却也吃不了多少。后来在家里规定，一定要定时定点吃东西，这顿不吃，那就下顿一起吃，平时坚决不开小灶。这样做是希望Beta明白，吃饭是一件严肃的事情，是件值得重视的事情，不是一件挥挥手即可得的容易事。同时，这样做还有另外一个好处，就是增加了宝宝的进食间隔，增加了宝宝

的饥饿感，饿了自然就爱吃，这是个再简单不过的道理。

反正呢，哄孩子吃饭就是件斗智斗勇的事儿，我不是一个有勇的妈妈，不愿意为了一口饭就在孩子面前尽失淑女气质，也不愿意养出孩子一身坏毛病，那么只能在斗智这件事上下下功夫了。所谓道高一尺魔高一丈，妈妈的道行就在和孩子的不断斗争中迅速升级。

3.7隔代教育

我的一次迷路事故，意外地为Beta带来一个好玩伴。这句话看起来与题目无关，却不得不由此开头，因为总有一些背景情况要交代不是？

有一天傍晚，我如往常一样，伺候Beta吃了饭、喝了水、尿了尿、赖在妈妈身上一会儿后下楼去看广场舞。Beta超级喜欢看广场舞，每次听见集合声，都忍不住手舞足蹈跟着扭动起来。我们下楼去看广场舞，在小区中心花园的树上摘海棠果，沿着小路从幼儿园溜达到小学，然后返程回家。在Beta的要求下，回家的时候我们选择了一条平时不常走的小路，于是习惯性迷路的妈妈没出息地走错了楼门洞。

在楼下狂按门禁，没人开门。真奇怪，姥姥明明在上面的呀？再按。这时候一对爷爷奶奶带着一个宝宝回来了，宝宝看起来与Beta差不多大。用门禁卡帮我们刷开了门后，爷爷说："两个宝宝看起来年纪相仿，你们在几楼啊，平时可以去找你们玩。"我回答我们在201，爷爷奶奶很吃惊："怎么会？我们在202啊，住了好几年了，怎么对门家也生了小孩我们不知道？"

这时我才知道，敢情是走错门了。虽然走错了门，却意外认识了一位仅比Beta大一周的小姐姐凡凡。俩人很投缘，没一会就你拉拉我的小手，我摸摸你的衣服。这敢情好，住得这么近，年纪又上下相仿，以后可以一起玩了。

从此，我们就经常约着一起在楼下看广场舞，溜娃。俩孩子一起学走路，一起在地上捡石子，一起看蚂蚁搬家，还时不时动手打打小架。俩人成为固定玩伴差不多已经有一个月的时间了。

可是今天晚上的溜娃时间却没有看见他们，Beta一个人玩得好像很无聊，闷闷不乐地看了会儿广场舞，遛进小学玩了会雕塑像，在平时还精神抖擞的时间就犯了困，伸出手要我抱着回家睡大觉。

抱着Beta回家哄睡的时候已经是8点过了，到家不久就有人按门铃。会是谁呢？这个点了，快递们也都下班了。开门一看原来是凡凡家的爷爷，不免觉得奇怪。溜娃界孩子间的友情固然深厚，但大人间的交往仅限于公共空间下的闲聊。登门拜访，还是很少见的事情。

“不好意思来打扰你们，小区里我也想不到什么更熟悉的人家，家里现在有点事儿，凡凡奶奶和凡凡妈在吵架，凡凡在家好像吓到了，哭得不行。能不能麻烦你帮我们照看会儿凡凡，凡凡和你们熟，你抱她过来她肯定是肯的。”凡凡爷爷一进门就开门见山说道。

听到这个情况，我马上穿鞋跟着老人出门去接孩子。一路上问爷爷这是怎么了。

“也没什么大不了的事儿，凡凡奶奶总是怕孩子吃得少，每次吃饭都追在屁股后面喂，凡凡妈不喜欢这样，总是说凡凡奶奶。奶奶时间长了也觉得委屈，想着我给我孙女吃饭不是怕她饿着么？

今天傍晚的时候，凡凡有些不舒服，吃了些水果都吐了，凡凡妈说晚上就不给她吃东西了，好好空一空肚子。奶奶不同意，趁着她妈洗澡偷偷给凡凡喂饭，结果被发现了。凡凡妈就批评奶奶，这不俩人就吵起来了。”

“不是什么大事，以后沟通好了就行了吧？”

“这不是什么大事，主要是这一吵架，把陈年的恩怨都翻出来了。这个

说那个带孩子不精心，那个说这个总用老法子带孩子。越说事儿越多，越吵架越大。孩子吓得哇哇哭，我说这可不得了，还是先把孩子抱走吧。”

说着到了家门口，屋内的场景几乎惊掉了我的下巴。凡凡奶奶是一个纤细文雅的女人，在溜娃的老人圈里出了名的温柔，说话一直柔声细语。凡凡妈也是如此，脸上总是温婉的微笑，说话不急不慢，凡凡不管如何顽劣，她总是温柔地鼓励或制止。而眼前，这两个温柔女人的典范正吵得厉害：“这么晚了你抱着孩子出去吓到孩子怎么办？你为什么做事从来不考虑孩子总是按照自己的想法来，你的想法就对吗？这只会给孩子养成坏毛病。孩子今天我一定要带走，不能在这里任由娇惯。”

凡凡奶奶堵在门口，凡凡妈打算抱孩子回自己家，凡凡趴在妈妈的肩膀上，像一只小考拉一样挂在那里，虽然停止了哭泣，却是一脸的恐惧。

我走上前去伸手从妈妈手里接过凡凡，凡凡看是我，也没哭闹，顺从地来到我的怀里。所谓清官难断家务事，我不想搅合在这样的TVB电视剧剧情中，毕竟这是人家的家事，说什么都显得不合适。和爷爷说好了家里平稳后来我家接孩子，我就抱着小凡凡回家了。

Beta见了凡凡自不必说，兴奋异常。本来都洗好澡爬上床了，累兮兮懒在床上撒娇哼哼，一听妈妈开门，扭头看见好伙伴在妈妈的怀里，高兴极了。俩娃在客厅的爬行垫上玩得不亦乐乎。时间已经到了晚上9点半了。

10点半，俩娃还在玩，也没见凡凡爷爷来接孩子。我有些不放心，嘱咐Beta爸看好孩子，再次来到凡凡家中。嘿，几小时前在客厅吵架的婆媳，现在竟然还站在这里吵架……

我站在门口想了想，最终没有进去，而是选择折回自己家。努力把俩小魔头哄上床才是正经。这些零七八碎的矛盾谁家没有，只是爆发与否的差距罢了。这样的问题若是数起来，我简直可以数一箩筐——还有要不要在早教

课上要求孩子规规矩矩听讲、要不要禁止他在没有铺过保护措施的地面上爬行、孩子摔倒了后要不要打打地面以示对孩子的安慰和对地面的惩罚……这些事儿一件一件数起来啊，数到明天早上都数不完。

说白了，这就是两代人育儿观念差别的问题。老人们喜欢孩子守规矩、懂礼貌、吃得多、按时睡、爱干净，在孩子吃、穿、睡、卫生上面尤为上心。而妈妈们则奉行“现代教养法”，更注重孩子的内心快乐——偶尔一顿吃少点、偶尔一次睡晚点、偶尔啃点泥巴、偶尔爬爬脏地面都不是什么大事儿，孩子开心才是最重要的。这些事儿上两方互不相让，公说公有理婆说婆有理，老人认为自己育儿经验丰富，妈妈认为自己理论先进与现代接轨。两方都在试图说服对方，但往往都不能如愿，结果都攒了一肚子怨气也谁都没战胜谁，长年累月积怨下来，最后只能爆发。

几个月前，我也深受这类问题的折磨和干扰。不希望Beta姥姥没事就塞给Beta吃的，不希望Beta姥姥对他过于宠溺带来坏毛病。总有那么几次，我恨不得马上辞职回家自己带娃，夺回我当妈的主战场。但冷静下来后发现，这事儿不是说办就能办到的——就算一人扛下了教养孩子的所有重任，带出来的娃娃肯定会比姥姥姥爷带出来的好吗？未来的某一天，你会不会后悔当初的决定，自己带娃也没见比姥姥带得好，还丢掉了原本不错的工作？

崩溃的次数多了，我渐渐想开了。隔代教养这个问题，本身就是没有最优解的问题。我们之所以一直希望老人能够按照我们的想法带娃，逼迫他们接受我们的观念，无非是源于我们内心的不安：我没有花那么多时间和精力陪伴孩子，他会不会成长得如我所愿？如果代替我陪伴孩子的人能如我一般对他，我也就放心了。但事实上，你想让老人和你长成一副心肠、用你的方式照顾孩子，这怎么可能？莫不说你们之间有着至少二十余年的年代差，我们这一代与和父母一代的生活背景、我们和父母接受信息的途径方式、我们

和他们的理念，都因时代的变化而发生了翻天覆地的变化，怎么能完全与你所想的一样呢？

我们不可能让老人与我们一副心肠，同时又需要老人的帮忙，我们唯一能做到的，就是自己多抽出时间，按照自己想要的方式哄娃。我想，如果我们可以自己抽出更多的时间，尽量把工作八小时之外的时间都用在孩子身上，是不是就会少些焦虑？就会不那么在意工作八小时内老人是怎么带孩子了？一些育儿书上也是如此言论：不要妄想改变老人的想法和做法，我们能做的，就是坚持用自己认为对的方式对待孩子，且尽量不在孩子面前和老人有正面冲突。让孩子保有安全感，并按照自己的方式对待他，与其他家人求同存异。我尝试着照做，果然，当我不再干涉姥姥的做法，而是坚持多寻找时间和机会自己陪伴孩子后，整个家庭氛围都和谐了很多。求同存异，或许是解决隔代育儿观念差异的最好办法。

3.8 小心有狼

我所在的小区，今天丢失了一名两岁的孩子。

听说这个消息的时候，我正在晚高峰的地铁上。周围都是上了一天班后疲惫的人们，我在拥挤的人群中艰难地拿着手机浏览Beta的照片。这是我打发路上时间的好方式，下班后低电量的大脑已不愿意再接收更多的信号，有时候看一看过去的旧照片放松放松自我。

就在我略带疲惫地随意浏览照片时，QQ上收到了一条@全员的群消息。这是一个被我屏蔽了消息提醒的群，是小区业主的妈妈群。这是个万能的群，几乎所有问题都可以在这个群里得到答案，大到幼儿园如何报名，小到门口两家裁缝店哪家比较好，只有你想不到的问题，没有这个群回答不了的问题。之所以屏蔽了这个万能群的消息提醒，是因为这它每天的消息量实在太大，如果仔细看，估计每天要花一半的时间在这，所以我一般都是屏蔽了消息提醒，有问题的时候再去聊天记录里面搜索。这个群于我的作用，有些像“百度都知道”。不只是我，小区中的很多妈妈都这样使用此群。正是因为群消息数量的庞大和妈妈们的使用方式，这个群里面很少有@全员的消息通知，除非有很重要的信息。

于是正在浏览Beta照片的我看到了这条消息：“今天下午，19号楼丢

失了一名两岁的男孩，是奶奶独自带他下楼的时候丢的，至今未找回，已报警，大家都小心自家的孩子。”

我平静地看完这条消息，然后关掉QQ窗口，继续看自己的手机。

看到这儿您一定会说“这么淡定的？”但我真的不是不在意，之所以匆匆关掉QQ聊天窗口，是因为不忍直视。看到消息那一刻的惶恐、紧张与担忧，拥挤在我疲惫的身体里。它们拥挤在我的身体，我的身体又拥挤在这拥挤的车厢，除了逃避，我几乎想不到其他摆脱这种情感的方式。

最初听见类似事件的时候，我的反应是激动的，我的情绪是强烈的，恨不得第一时间找出人贩子，将其绳之以法。我的心情是伤感的，不知道出事的家庭如何面对后面的生活和日子？

但在有了娃的这一年里，我听过太多类似的事情了。担忧还是担忧的，恐慌也是少不了的，自然也对那个丢失的孩子悬着一颗心，但反应已经不是那么强烈了。这类似于在战乱年代，妈妈们顶着战斗机的轰鸣声仍能背着娃娃外出挖野菜，身边一个个妈妈和孩子倒下，最初的时刻，他们心疼伙伴的伤亡，心慌自己的命运，担忧前面的路，但后来就渐渐习惯了。习惯不是麻木，依旧恐慌和担忧，但可以在恐慌和担忧下继续做着原来的事情。要不然呢？又能改变什么？

上周的某天，也是在这个QQ群，看到这样一条消息，是一名爸爸在小区的公告栏中贴的海报，内容如下：“各位家长朋友，你们好，我是一名普通的父亲，我在小区里已经住了五年。我一度觉得拐卖儿童的事情离我特别遥远。但就在上周的一个小雨天，宝宝奶奶带着宝宝下去玩水，遇到了意想不到的事儿。那天因为下雨，路上人特别少，宝宝在路上踩水玩儿，玩得很开心。一名40岁左右的中年妇女一直尾随在后面和奶奶拉近乎，还试图抱宝宝，遭到奶奶的禁止后，还是一直不断纠缠。甚至跟踪到楼下，非要跟着奶

奶一起上楼，半小时后有买菜回来的邻居帮忙才得以逃脱。我已经向物业和小区派出所报告了这件事情，这里也提醒其他家长朋友小心谨慎，遇到独自带着宝宝的老人被陌生人纠缠，多上前询问是否需要帮助。”

上个月的某天，我长期出没的妈妈群里，有妈妈说，他们小区里面有一名一岁的宝宝不见了。爸爸和奶奶带着宝宝去早市，路过一个菜摊儿，俩人在选菜没有留心推车，选一把葱的功夫宝宝就被人带走了，一周时间了，音信皆无。

“丢孩子”是多么高频率高密度会出现的事。几乎每一天，都有人在微信朋友圈中发寻找孩子或祈福的帖子，寻找亲戚家、朋友家、邻居家、老乡家丢失的孩子，祈祷他们能够尽快被找到，祈祷他们可以毫发无损地回家。

当然，这不得不说是一种“孕妇效应”，因为关注，所以经常发现，但这也不可否认这确实是一件经常出现的事情。记得怀孕的时候，我曾看见一篇报道，说有爸爸担心孩子丢失，为了确保孩子的安全，竟然在孩子身上安置了定位装置。那篇文章看得当时母性泛滥的我失声痛哭。我觉得我切实感受到了那位父亲的恐慌，在这样一个危险的社会，除了这种极端的方式，他还能以何种方式确保孩子是可定位的？

但如今想到这个报道，我想到的却是，这样就能保证孩子是可定位的么，或许人贩子在孩子身上发现了一些蛛丝马迹，直接将定位装置摘除了呢？这种摘除方式或许不只是从肉里面取出来这么简单，或许会给孩子造成严重的身体伤害。再者，就算你通过定位找到了孩子，或许他已经不再是原来的样子了呢？说的直接一点是，或许他已经被人贩子“改造”成他需要的“商品”了。

丢失孩子的家庭，往往比直接失去孩子的家庭更痛苦。后者面对的是确

定的伤痛，而前者面对的则是不确定的伤痛，渺茫的希望，以及希望和失望的不断循环：他到底在哪里？现在过得好不好？有没有饭吃？有没有挨打？有没有被恶意伤害或恶意至残？我到底还能不能找到他？我一定要找到他！

每年有儿童丢失，而找回来的寥寥无几。网上有千千万万的预防小儿丢失的教程，比如不让陌生人抱孩子，让大些的孩子记住父母的电话、名字，要求大些的孩子不跟陌生人走，等等。这些教程是否有用我不知道，但这些教程围绕的都是“狼来了如何跑”，个人认为，重要的是“怎么叫狼别再来”。前文提到的那个在小区里面贴海报的爸爸，他在海报的最后说：“呼吁社会、呼吁国家、呼吁政府、呼吁公安机关、呼吁小区物业能够有所作为，给家长们一些安心，给祖国花朵一点健康成长的环境与空间。你们的每一份警觉，都会为孩子们增加一份安全保障。”这是这位爸爸的心声，也是天下所有父母的心声。

3.9专治各种不服

我超级怕狗，不过这怕不是天生的。我八岁那年有过一次被狗咬过的经历，自此开始了长达二十余年的怕狗生涯。那次咬得比较严重，缝了针不说，好像卧床了很久才能行走。于是此后我就很怕狗，见到路上有狗就不自觉地想要躲起来。

印象中那场惨案是这样的，那一年暑假，我去乡下亲戚家避暑。整日饱食终日，不干正事。话说，八岁的孩子也没正事而言。亲戚邻居家有一条土狗，长得很大，却很温顺，据说是条公狗，但缺乏男性雄风，隔三差五就被附近的其他狗打成花花脸，然后再灰溜溜躲回家里。年少无知的我看在眼里，也起了欺软之心。起此心之前，我们很友好，曾一度是好朋友，印象中它好像一度非常黏我，只要我走过去招呼它，它就跟着我到处逛。而起此心之后，它也曾一度很忍让我，我向它丢石子它就躲开，我向它吐口水它也不恼。它正式爆发是因为在一个炎热的中午，我将一盆热水倒在了它的头上（说起来我都觉得自己很残忍，面壁思过中），它大为恼火，追着我跑出了一里地，终于一口咬上了我的腿，报了大仇。

之所以提起这件事是因为，最近发现Beta好像特别喜欢狗，每次路上看见有狗经过，Beta都会目不转睛地看。如果狗主人比较友善，会示意Beta可

以去摸摸，他果真会去摸，在我惊恐万分的目光中，他将自己的小胖手放在狗身上，一边拍拍一边咯咯地笑。

每次看到这样的场景，Beta爸都会说："要不我们也养条狗吧，儿子好像很喜欢狗啊，而且养狗也可以培养他对小动物的爱心。"然后他看我一眼："免得像你这样爱心缺失，对狗做出那等人神共愤的事情。"真后悔恋爱的时候年少无知，把多年的罪恶都一一告知于他，而今随时要被他翻出来嘲笑一番，真是报应啊！

不过阴影面积实在太大，不然我真的就要接受Beta爸的建议了。

天知道每次我需要克服自己多大的心里障碍才能够扶着Beta走向那一条条毛茸茸的生物。其实说心里话，那些小动物都是很可爱的，我少年时的亲身经历也告诉我，它们都是很善良的，不然人家怎么会任由我欺负那么多次才还手？问题出在我身上，需要改变和克服的是我。虽然我还没有勇气去养条狗，但起码得学会鼓起勇气和狗玩耍，我总不能在Beta盛情邀请我和他一起摸狗的时候告诉他"妈妈很怕狗"？

事实上，我已经在学习克服心理障碍与小狗玩耍了，不然我是如何做到装作安然自如地走近小狗，让Beta抚摸小狗的？"Beta出生的一个重要作用，就是来专治你的各种不服。"Beta爸得瑟地说。

他说得对，随着Beta一天天长大，他一天天用触感、行动、语言感知这个世界。伴随在他成长过程中的我，也不知不觉地被改造成了另外一个样子。我现在的生活习惯放在从前根本无法想象，晚上八点开始哄娃睡觉，早上五点闻鸡起舞。东西尽量用完就放回原处，不然说不上什么时候就到了Beta嘴里了。小瓶子小盖子要盖盖好，痱子粉花露水要放在拿不到的地方。不过自从人家学会了爬高以及自己开盖子，就不简单是放好和放高的问题了，那要发挥你的聪明智慧了。地面要天天拖、餐桌要天天擦、饭菜尽量放

在厨房站着吃——不然人家看见了就要用手抓、然后都丢到地上。但这些改变都只是表面现象，就像Beta爸说的，Beta专门医治我的各种不服。

比如我有严重的手机依赖症，有手机依赖症的大人肯定不止我一个，不然朋友圈中为何常有讽刺当代人与手机关系过热的帖子被热转？这手机瘾就和大烟瘾似的，歪在床上就能够收获到的欢愉与快乐，多少人能够拒绝？我的手机依赖症比较严重，严重到吃饭的时候、走路的时候、坐地铁的时候不看手机就觉得是浪费时间；严重到不定期刷刷朋友圈、看看网易新闻，就有与社会脱节的恐慌感；严重到只要不随时看QQ、瞅微信，就有种被同事朋友遗忘的失落感。现在这毛病基本上好了，这不我都三天没摸到手机了，不也好生活着。

我的手机刚买回来就仙逝了，现在它的尸体已经返厂返修去了。这事儿是这样的：三天前，我收到了我的新手机，插上手机卡，开机完成最初的登陆与注册操作后，Beta就把我的手机抢走玩去了。

拿到手机的Beta首先随机地拨打了一个电话，听见手机里面说，您拨打的是空号后，小朋友拿着电话向卫生间爬去，就在Beta转身爬走的一瞬间，我隐约觉得大事不好，赶紧回身去追赶他，不想小家伙爬得真快，就我穿上鞋的那么一点点时间，他已经爬到了卫生间，并将手机丢到了厕所里。

我看见手机的屏幕在厕所中闪闪发亮。我还没来得及充分欣赏画面的美好，屏幕突然就暗了下来。啊！真是五雷轰顶。我赶紧把手机从厕所里捞出来，关上手机电源，拿出吹风机吹风，吹啊吹，吹啊吹，小朋友在一边坐着淡定地看着我，没有半点愧疚。

“拿到手机维修店修一修吧。”Beta爸在一旁有些幸灾乐祸。

Beta确实是来专治我的各种不服的。迄今为止，Beta治疗好的、或者正在治疗中的“病”还有：对金属碰撞声音的恐惧。

我从小害怕金属碰撞发出的声音，以及金属碰撞瓷器的声音，听见犹如针刺，浑身起鸡皮疙瘩，牙齿发酸，牙根痒痒。我从来不在单位的食堂吃饭，因为食堂的餐盘是铁的、筷子是铁的，我受不了餐盘与筷子碰撞的声音。从来没有人敢在我面前发出上述声音，除了我儿子。

两个月前开始，Beta开始喜欢主动参与到吃饭的过程中，这对我来说，真是一件好的坏事。好是说，Beta愿意自己拿着勺子在碗里面比划，这代表着他很有可能比较早地学会自己吃饭，这样喂饭也会减轻一点负担；而坏是说，Beta很喜欢用他的一个小铁勺，在一个小瓷碗里面吃饭，换个勺子换个碗，都不行。

于是我每天就在刺耳的声响中，伴随着牙疼、牙根痒痒、浑身起鸡皮疙瘩的惨状，喂他吃完一顿顿饭。按照惯例，这时候Beta爸就要出现了，事实上，他真的就出现了："造物主是公平的，所谓一物降一物，你的天敌上线了，他就是你儿子。"

俗话说：孩子就是来讨债的。Beta让我学习和最怕的动物相处，治好了我的手机依赖症，最后还不得不忍受铁与瓷器碰撞发出的噪声。同时，他也让我更深刻地认识和调整自己、释怀了一直释怀不了的心理阴影，克制了一些总也克制不了的生活坏习惯，培养和锻炼了越来越强大的母爱。这个讨债的混小子帮我认识到自己的同时，还帮我改正了自身的毛病。这么看，我可得好好谢谢这位专治我各种不服的小债主了。

4.1月子大战

电影或电视中有这样的场景：新妈妈经过长时间的挣扎终于诞下幼崽，老公充满心疼和怜爱地看着小婴儿，而女主本人光彩照人，带着一脸笑容与成就感。

影视剧只是影视剧。个人认为，生孩子的那一天，绝对是我过去这三十年里最丑的一天。而不管你是剖腹产还是顺产，我想都应该没有心情露出微笑。比如我，剖腹产刚出手术室的时候整个人都是抖的（几乎所有的剖腹产妇都会在产后发抖），哪有心情去摆pose微笑。顺产也好不到哪里去，病房里面那些刚从产房推回来的新妈妈们，哪个不是一身的臭汗一脸的疲惫?

虽然时隔了这么久，还是觉得恍惚后怕。我从进手术室的那一刻开始讲起，话说这种惊心动魄的经历这辈子能有几回，得浓墨重彩一点才行。

虽说是打了麻药，但刀子划过肚皮的时候还是有感觉的，只是感觉不像在割自己的肉，而是在割自己身上盖的布，割完会有撕扯感，感觉医生刺啦啦撕开肚子上的肉（不知道这个感觉对应的是医生的什么操作，应该不是真

的在撕扯我的肉）。动起了刀子才知道，这个过程和想象中差得太远，想象中的剖腹产是个捅破气球放气的过程：“啪”的一声，球开了，我的Beta从羊水中浮出，闭着眼睛，顶着光环。但事实上“开膛破肚”后，医生还需要用力压肚子，虽说没有多少感觉并不疼痛，但还是有一些怪异的类似于酸痛的触碰感。小东西被抱出来后，空掉的肚皮开始被缝合。这时的感觉会比割开时更清晰，更明确，我甚至可以感到自己的肉是一层层的被捏、缝到一起的，缝了这一层后缝下一层。事实证明我的感受是正确的，事后我向全程陪伴的麻醉师咨询，确认的确是分层缝合，一共缝了六七层。

接下来是推回病房，这是一个标志性的时刻。从这一刻起，你正式成为一名产妇，正式开始了月子生涯。回到病房，护士会第一时间出现在你的病床边，告诉你：尽早下地走动，尽早下地排尿，尽早排气。下地排尿后才可以拔尿管，而放出屁之后才可以吃东西。

手术后八个小时内是感觉不到痛的，那时候不喝水不进食，平躺不能动，守着麻药劲儿，躺在那里捏自己的腿。那种触感，冰冷，麻木，和超市里面摸到的猪皮相差无二。

麻药劲过去了，痛苦就真的到来了。手术的时候，麻醉师都会问要不要用镇痛棒，可以帮我们缓解产后疼痛。我当然没有勇气选择不用，但事实证明，镇痛棒是起不到多大作用的，因为感到疼痛再去按它的时候，疼痛已经来了，按它已经晚了。镇痛棒要十几分钟后才会有效果。想要靠镇痛棒来解决手术后必然会面对的那些疼简直是痴心妄想，更何况这些疼还是那么五花八门。

容我介绍一下这些疼吧，我想未来很多年我应该不会再有幸体会到它们。刀口缠收腹带的疼和按肚皮的疼是交织在一起的，产后刀口上要缠上超级紧的收腹带，在上面再放上几个沙袋，这样可以起到束紧定形的作用，有

助于刀口长到一起。要怎么来形容这种痛呢？一边是皮开肉绽的伤口，一边是压在上面的硬物，你总有种他们会长在一起的错觉，仿佛一张大嘴牢牢的咬住了你的伤口，拼命吮吸，这块重物让你的疼痛更突显，更清晰，这是刀口疼。这张大嘴有时候会露出它的牙齿，使劲咬住你，咬得你想骂街，咬得你鬼哭狼嚎地哀求护士，这就是摁肚皮。

下床走路则是相反的过程，相比于上面想要将你的伤口塞进肚子里的压迫痛，下床练习走路则是把刚刚长到一起的伤口生生拉开的断裂痛。每向前移动一步，伤口就好似重新断开一般，你甚至听得见撕裂声，总是怀疑刀口是不是真的撕开了。

然而，医生在内的所有人都要求产后尽早下床走路，因为下床走路有助于恢复如下两项人类本能：放屁的本能，自主排尿的本能。但下床走路不是一件容易的事情，每个人忍受疼痛的能力和承受的疼痛也都不一样。医生护士为了鼓励我们尽早下床，会使用激将法："隔壁房间的产妇比你晚手术，早就能够在走廊里溜达了，你到现在还是直挺挺躺在床上。"但我只能愧对医生的好心好意，就算大家都是女豪杰，我也就是个怂包，我又不是在参加谁最不怕疼的比赛，我也想当模范产妇，可是我对疼痛真没什么抵抗力啊！

当我终于战胜了疼痛，能够扶着墙一步步移到厕所的时候，我真心后悔那一时刻的到来。镜子里的那个本该洋溢着无比美丽和骄矜笑容的女人，怎么看起来那么丑，发青的脸色，几乎长到鼻子的眼袋，乱得像鸡窝一样的头发……而且最主要的，那个肚子怎么看起来一点都没有变小？真让人心灰意冷。此刻，厕所里面的镜子似乎成为了童话白雪公主中王后的那面魔镜，镜子中反射的每一缕光都在告诉你：你是这个世界上最难看的女人。而浑身上下的疼痛又在告诉你：得了，你的好日子，估计就此打住了。

好日子果真就此打住了。为什么呢？因为月子来了呀！我前面说了，

你推出手术室的那一刻，标志着你正式的成为了一名产妇，开始了行动不自如、生活不自理、乱神怪力一起来的月子。但真正感觉到“月子来了”还是出院回家的时候。在我出院的前一天，我问医生：“我回家多久可以洗澡？”医生答复：“你这不要问我，你恐怕要问问你家老人，看你们那边的习俗是什么样的。”嗯？那时候我满脸疑惑。

尊重习俗，是如何坐月子的重要标准？还好Beta姥姥是个心宽的人，除了嘱咐我不洗头不洗澡，也没有太多的月子信条。即便如此，我与众人的“月子大战”还是从出院第一天就拉开了序幕。

那是个六月天，门外阳光明媚，暑气冲天。我甚至可以闻到每一个走进大门的人身上的浓重汗味儿，听到他们走进空调房时舒适地吐出一口气，似乎在说“终于可以凉快一会儿了”。我在这样的大热天里穿着秋衣秋裤、外套裤子、棉袜子，腿上带着护膝。就这样，走出医院大门的时候，Beta姥姥仍不忘往我身上披上一件棉衣。

我说：“外面晒死了。”

她说：“你这是坐月子，不能见风。”

我坚持摘掉棉衣：“热死了。”

她坚持给我穿上：“等你老了你就知道了。”

纠缠间Beta爸betel姥姥也来了，三人齐上阵，开始了对我的批斗：“人人月子都这样过来的，你怎么就那么不懂事？”“祖祖辈辈都是这样，难道代代相传的还会有错？”“赶紧的，大家都是为了你好！”

寡不敌众，最后这事儿以我妥协收场。当我穿着两套衣服、带着护膝、披着棉衣钻进出租车的时候，碰巧瞄到路边有漂亮妹子穿着热裤背心呼呼走过。上了出租车，司机大哥好心关掉空调关上窗。恩，从此我开始了长达一个月的长衣长裤不开空调不开窗的生活。但这不是全部，这只是其中一个关

键词，另外的三个关键词是：躺、吃肉、不洗澡。

这是月子的规矩，不能洗澡不能吹风，不管室外温度几何都要坚持保暖，尽量平躺别乱动，千万不能出门。除此之外，仍有的一条规矩是：坚持以猪内脏、猪手脚和鸡肉、鸡蛋为主要食材。出院后各方亲朋好友的问候纷至沓来，中心思想就都只有一条：月子里面一定要吃好了！

这里的吃好，不是吃的正好的意思，是多吃，多吃肉。Beta姥姥的老同事打来电话："一天一定要至少吃一只鸡，这样才能保证奶水的供给。"Beta的姨姥姥打来电话："要多给Beta妈吃猪腰子、猪肝、猪心，补充元气。"连Beta爸爸的同事大姐都说："每天几个鸡蛋至少是要保证的，不然后面身体虚的是自己。"世界上最可怕的斗争不是与恶势力的斗争，而是与那些为你好的亲朋好友的斗争。所有人都是为你好！

闭上眼睛，我幻想着自己如电视剧里的辣妈那样，分分钟将鸡汤鱼汤丢进老公的肚子，对于别人的劝说，一脸坚决的绝对不听不管，开心快乐地洗澡，开心快乐地出门散步，开心快乐地上街买东西。但我没有这个勇气，因为我承担不起后果——未来漫漫至少四五十年的人生路，若我有个腰酸背痛、落得个口眼歪斜，世人一定会告诉我："看看，这就是月子不听劝落下的毛病，现在知道遭罪了吧！"而我也将成为老人们教育后辈的反面教材："就是那个谁谁，月子里面出去得瑟，现在身体差得呀……！"

和保暖、躺、吃肉、不洗澡一样折磨月子里的新妈妈的还有，那个一天到晚哇哇大哭的小东西。这简直是对新妈妈自学能力的挑战：你以为孩子天生就会吃妈妈的奶？错，还需要经历反复的实践和失败，才能喂奶成功。这磨灭了他的斗志和你的耐心，于是他哭你也哭，他因为饿，你因为挫败感和自我怀疑，连奶都喂不好，到底能不能当好这个妈？

妈妈也不是天生就会剪指甲、换尿布、抱孩子、哄睡觉的。母爱是天

性，但前一天你还十指不沾阳春水，后一天就在母爱的指引下变得五项全能？这都是实战中积累的经验。月子里你不能给孩子洗澡，但是换尿布总是可以的吧，月子里你不能给脐带消毒，但是剪指甲总是能干的吧。孩子刚刚脱离母体，哄睡的事儿非你莫属。于是无数个夜晚，你摸着黑给他换尿裤，抱起睡梦中哭泣的他朦朦胧胧等天亮。无数个陪伴他的不眠之夜，你就那样端详着他，除了惊喜和激动，更有一丝酸楚与失落，一丝茫然与无助。酸楚失落于自由自在小生活的结束，茫然无助于这带娃漂泊路的开始。

当妈的大部分技能都是你在月子中伴着一身的馊味儿和汗臭味儿，一嘴的猪内脏和鸡屎味儿学会的，并一用就是一整年。反正不管是聪明还是愚钝，不管是勇于反抗还是向亲人低头，总之没有能做舒服的月子，也没有学不会技能的妈妈。这就是个过程，当肚子上的伤口最终长成一条不粗不细不痛不痒的疤痕时，我们的月子也就做到头了，当妈的实习期也就正式结束了。

4.2 我遇上了白衣天使

人类总是对未知领域充满了恐慌，所以在我最初面对那一坨小鲜肉的时候，除了欣喜和幸福，更多的感受却是无所适从和担忧——这个小东西以后就要长期落户在我家了，他看起来那么小，和一只小猫崽差不多，我真的能把他养大养活吗?

诚然，我的担心是多余的，我不仅把他养大养活，还把他养得超肥超重、生龙活虎。因为经历过这样的担心，了解最初的那份恐慌是多折磨人，所以每每有新妈妈对育儿缺乏信心时，我总是会告诉她："放轻松些，这是不必要的担心。"嘴上虽然这么说，心里却知道，这样结论式的陈述句并不足以使新妈妈安心，所以她们才会在育儿初期，不停地浏览育儿网站，不停地询问妈妈界的前辈，宝宝还没出生就请好了月嫂，还时不时往医院跑。

网上的言论、前辈的指教、月嫂的建议、医生的指导，绝大多数妈妈最相信的还是最后一个，这其中当然包括我。看见有小月龄妈妈抱着孩子一趟趟往医院跑，虽然嘴巴上劝说道："不用这样紧张，可以多在家观察几天"，但心里却很清楚，不听医生说没关系，妈妈们是不会安心的，这一点，新妈妈都一样。

我所在的小区，小区里面就有一家三甲医院，这一度被我引以为豪。因

为每到超市等可以看见其他小区妈妈的地界儿，聊到住在哪里，总是会收获到这样的羡慕和感慨：“那个小区啊，我们经常带宝宝去那边看病，好幸福哦，医院就在家门口。”那个羡慕劲儿，就好像我手上戴着一个两克拉钻戒一样。

对这样的羡慕我一向悦纳，并回报以骄矜的微笑。是的，我也觉得守着一家医院、特别是守着一名好儿科医生是一件值得被人羡慕的事情——天知道我这一年里从中吃了多少颗定心丸。

因为新生儿低血糖需要入院治疗，Beta在他出生十二天后才来到我的怀中。错过了Beta胎便、没有看过Beta脐带头、没见过Beta黄疸的我，对突然掉进怀里的小东西充满了敬畏和恐慌，心里总有一种“我比别人更没有准备好”的想法。所幸Beta结实体格壮、适应能力也好，回家后该吃就吃、该睡就睡、该撒泼就撒泼，健康茁壮得成长起来。而我却总是担心自己技不如人，每天都把大量的闲暇时间放在育儿论坛，特别是育儿论坛里面的同龄圈。相同月龄的妈妈聚到一起，常常边抱怨小夜哭郎，边讲孩子爹的坏话，边思考婆媳关系，边研究宝宝的小嘴儿小屁股小身子——最近头发有点秃，是不是缺钙了？最近宝宝吐泡泡，是不是得吸入性肺炎了？

我就是在这样的情境下认识范医生的，一名常驻在我家小区这家三甲医院的儿科专家。这话还得从Beta刚回到家，我担心技不如人、成天逛论坛这个话头讲起。

长逛育儿论坛的妈妈都知道，妈妈们对“宝宝肿么了”这类帖子特别敏感。这些帖子一般标题为“请各位妈妈帮忙看看我们的大便，这是怎么了？”“请帮忙看看我儿是不是缺钙啊？”“这到底是不是吐泡泡，是不是肺炎啊，我要疯了！”这类帖子最吸引妈妈，妈妈们对照着帖子上的图片和描述，观察着自己的宝宝，稍有一致，就着急忙慌的回帖：“我家的也是这

样，怎么办啊？楼主后来看医生了吗？”“和楼主的症状一样啊，楼主后来确认了吗？”

在Beta两个月大的时候，我也陷入了一次“对症恐慌”中。当时是有帖子说，两三个月以内的小宝，得了肺炎不一定马上就开始咳嗽，多半先是吐泡泡，而后拒奶，呼吸不畅。这么大的宝宝肺炎多是吸入性肺炎，所以并不会发热，等大人发现了明显的症状就比较严重了，届时再去看医生，一般都会直接收入院。听说问题如此严重，我也开始对号入座：吐小泡泡，对；睡觉的时候尤甚，对；睡眠变得不安生，对；呼吸声重，更对。这没跑了，赶紧去看医生吧，晚了肺炎了，要住院ICU的，要两周见不到的，想想就心疼得要死。

可惜姥姥和爸爸并不支持我的看法，他们说：“Beta好好的，不哭不闹食欲好，哪里有生病的迹象，去什么医院？医院都是生病的小孩，没病也会传染到病了。”

我坚持：“等我们食欲有问题，那就是严重了。吸入性肺炎早期的症状就是吐泡泡，久了要住医院的。”

但其他人不松口：“医院还是不能随便去，宝贝太小了。这么折腾不病也有病了”

想想爸爸和姥姥的说法似乎也对，带这么小的宝宝去医院总归是不安全，但不去看医生我又实在放心不下，于是就想出来一种折中的就医方式——带着Beta的情况去问诊：严格记录Beta一天的日常情况，通过文字、图片、视频等方式，记录每天吐了多少泡、每晚打了多大声的呼噜、平均每天一分钟呼吸多少次，然后带着这些材料去找医生问诊。“这样应该也是可以起到同样效果的。”我这样想。“医生才懒得看呢！”Beta爸打击我。

即使不被家人看好，我还是在一周后带着数页纸质材料、数兆电子视频

和照片来到了医院，见到了范医生。这是我和范医生第一次见面。看见我拿着很多页纸以及手机，范医生并没有吃惊，似乎已经司空见惯。只看了一段视频的她抬起头来，我看见了一张温和又略显慈爱的脸。她说："行了，别的不用看了，拿回去吧。孩子呼吸没事，看起来是肠胃有点不舒服，是不是给他吃多了？孩子已经很胖了，不能过度喂养。"

"这孩子看起来挺正常的，就是有点撑着了，这样的肯定不拒奶，拒奶的撑不成这样，你说后面给奶不吃我想应该是实在太饱了。你看见的小泡泡只是口水，这孩子发育挺好的，你看口水挺多的。至于睡觉打呼噜，应该也是撑着了的原因，最近少吃点，你再观察观察。"范医生说这些话的时候，神色一直平和又温柔，一副耐心讲解且随时准备倾听的样子。不责备，却叫你明白自己的不当；不安慰，却叫你如同吃了一颗定心丸。

从此之后，我及我们家就依赖上了这个知性优雅的医生。最初是我，后来Beta的爸爸、姥姥陪着Beta去过一次医院后，也如我一般。记忆中范医生永远是一副温文尔雅的样子——不疾不徐地说话，不骄不躁地倾听，耐心仔细地检查，有条有理地安排治疗，并尽可能跟家长讲解清楚。她对待孩子总是特别的慈爱，每次Beta去检查，她都会微笑的看着他，摸摸头、拉拉小胖手、夸孩子长得壮、说他是个小帅哥。"来看病的孩子我多半都是看着长大的，看见很亲切，很喜欢"，有一次我听见范医生如此和人闲聊。

当然，我们也时不时地被范医生批评："不管多大点的小事，你们都喜欢带着宝宝跑医院，其实很多时候自己在家喝点水就好了""可别老来看我了，这里多少细菌啊，没病都生出病来了。"

但我们还是时不时地跑去看她，每个月打听好了她什么时候在、专门选她在的时间跑医院，即使不常抱着宝宝去，我们也习惯于每隔一段时间就跑去一次，问很多并非儿科医生应该解答的问题（更多的是保健科的问题）：

这么大月龄的孩子应该吃多少钙，他是否需要查一查微量元素，维生素AD还要不要天天吃，现在还不爬算不算发育慢，是不是有一点偏头，要不要补铁？范医生总是耐心仔细回答我们的每一个问题，真诚又温和、一丝不苟。

去的次数多了，范医生也记住了我们一家子。我们经常会在小区的路上遇到来上班或者下班回家的她。脱掉白大褂的她依然知性优雅，耳朵里面插着耳机，手里提着小包，每每看见我们和她打招呼，总会望着我们点头微笑，如果宝宝在手上抱着或在婴儿车里推着，则会俯身逗逗他。

每次看着她的背影，我总觉得，那就是我想活成的样子——真心热爱自己的工作，知道自己做的是对很多人都有意义的事情，并为此自豪；仅仅是自豪，并不是骄矜；耐心真诚地面对每一个需要自己的人，给他们最有用的建议和最实在的解答；仅仅是建议和解答，并不独断，听得进对方的意见、看法以及顾虑；会结合对方的顾虑和自己的专业意见，给出合适的最终方案；爱孩子，理解孩子的母亲；永远保持着和蔼知性的笑容，永远给人可信赖、可依赖的感觉。

白衣天使，是不是就应该是这个样子？

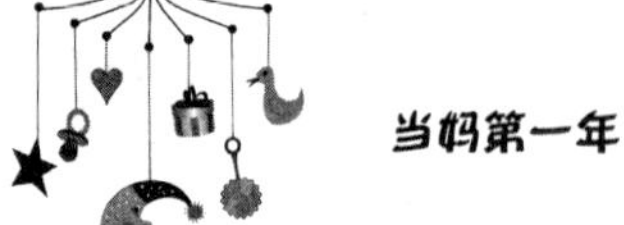

4.3也说辅食

毕竟民以食为天，人家这么个小人儿，更是把吃看成人生中的头等大事。刚出生的头半年倒是靠妈妈自身携带的粮食就行了，但人家不是一直这样的，总有要吃妈妈做的饭的那一天。

打开当当搜“辅食”，成群成群的辅食书跳出来，各个图文并茂，叫大人看着直流口水。我这写点什么才能PK得过呢？

说到这儿，得夸奖自己两句，我这当妈的，这一年真真成长了不少。就说这量上，从前是一月不进几次厨房，现在是一月就那么几次不进厨房；再说这质上，之前做什么食材都只有水煮的味道，现在煮什么菜都有点味道了。但毕竟底子太薄，即使有进步，也绝不到可以拿出来秀的程度。

那怎么办呢？想来想去，得，我就说说像我这种现上轿子现扎耳朵眼的妈，给孩子做辅食的一点小心得和小伎俩吧。

当了妈妈，生活再也不是悠闲的花前月下与下午茶。不管从前你是女神、是萌妹子、是女文青、是女汉子，现如今都化成一个角色，那就是女战士，一手拿着尿不湿、一手托着辅食碗的女战士。是战士，就要有一身的好技能好本事。衣食住行上都得覆盖，说“衣”，换尿裤洗屁股穿衣服都得过硬；说“食”，当好奶牛是一个好本事，另外还要做好辅食；说“住”，得

有抱睡、奶睡的好招数；说“行”，自然得有身好力气。

看看这食上的好本事，还是离不了做辅食。当妈做辅食的本事，不同于普通的买菜做饭。除了味道，更主要的是一个“快”字。儿子恨不得一天二十四小时腻着你，你以为他会给你时间稳稳当当慢慢做？你需要趁着人家睡觉、出去遛弯的短暂几十分钟，完成包括辅食在内的一大堆活儿。妈妈做辅食，讲究的是又快又好。

又快又好，除了有本事，还得有趁手的好兵刃、好武器。以下这几样，我觉得必不可少。

首先，要有一本辅食书。图文并茂，讲解充分的那种。最好还能够按照月龄分好，多大的月份能吃些什么，应该怎么做。这不是临时抱佛脚用的书，是平时勤学苦练用的教材。我一般每个周末都会对着上面的指导学上一个，然后喂给我儿试吃。如果肯吃就算是成功了，如果吃得很好，那几乎就是惊喜，如果不肯吃就要研究一下，是宝宝不喜欢这个味道，还是自己没做好。一般来说，小孩的食物也就蒸、煮、烤几种做法，最多是加点盐巴用水炖，所以照着教程来，味道应该差不到哪里去，宝宝不吃，多半是不喜欢。这也是我强调一定要有一本辅食书的理由，靠自己想能想出几种搭配呢？还是得有本书作为合集，从“一堆”中筛选出一些宝宝爱吃的辅食。

其次，要有一些好用的工具。分别是研磨碗、料理棒、烤箱。

先说这研磨碗，研磨碗几乎是处理少量食物的神器。磨水果，一个、半个、四分之一都行；磨肉，三块、两块、一块都成。随时随地，不用插电，纯手动，想什么时候用就什么时候用。现在我把它夸得跟一朵花一样，但在买回来的最初，我并不看好。主要是嫌它贵，但后来我发现了研磨碗的妙处：榨汁机只能处理水果，料理棒也只适合打碎大批量的食物，处理少量食物，非研磨碗莫属。

而料理棒是我眼中的第二神器，虽然它不适合处理少量食物，比如用它打磨几只虾，虾肉肯定都粘在刀头上下不来。但有些辅食确实是离开料理棒做不成的，如香甜可口的香蕉奶昔。如果没有料理棒，绝对做不出那种软糯的口感。

而烤箱是个大神，没有之一，起码在我心中如此。在没有烤箱的日子里，给宝宝做的一切辅食都只有煮和蒸这两种做法，虽然原汁原味，不免单调。您说为何不爆炒？一来我不会，二来我也不知道适合不适合给孩子吃。而烤箱的到来，结束了Beta饮食单调的日子，从此他过上了美好生活。平时可以烤烤小饼干小面包，比母婴店里面买回来的经济划算得多。

而且烤箱的使用极其简单。基本就两步，一是腌，二是定时开烤。只要时间和温度对了，几乎不会失手。而给孩子吃的东西，腌这一步也几乎都省略了，直接按照辅食书上给的时间和温度，丢进去烤就行了，要多简单有多简单。功能强大、操作简单、效果惊艳，不是大神是什么。

最后我要说，给孩子预备辅食，要时不时留一手，要有一些保留曲目。孩子越大，自我意识越强，出幺蛾子的几率越大。平时每天早上吃鸡蛋羹都吃得美美的，这一天突然喂一口吐一口，敢情人家对食物出现审美疲劳了，这时候怎么办？临时现学估计是来不及了，那怎么办呢？这时候平时压箱底的保留菜品就可以上台了。来个胡萝卜山药泥，香香糯糯的，一定不错。

这保留曲目可以从平时的实践中得来，某一项你新学来或者新研发的菜品，宝宝吃着童心大悦，那么就可以偷偷收起来，以备不时之需。但要注意，千万不要保留太久，小孩子的口味都是随时变化的，珍藏上个把月没用上，就直接拿出来秀吧。不要留到最后，等到人家不好这口再拿出来，活生生把好衣服留成了糟布头。

参考我儿的喜好，针对半岁至一岁大小的小宝，我推荐以下菜品。

一是鸡蛋羹。这是一道看似简单实则很有难度的菜。Beta爸就有过连蒸三天均未成功的经历，不是水多了鸡蛋不肯凝固，就是水少了蒸出来的鸡蛋羹特别硬，想要软硬正好，只有不断从实践中求真理。只有反复的实践才能知道需要加多少水，蒸多长时间，才能蒸出来又软又Q弹、鲜嫩可口的鸡蛋羹。蒸好后在上面点几滴香油，既提增了味道，也有助于宝宝通便，一举多得。

二是酱鸡腿。这里说的酱，不是大人吃的那种浓浓的酱，而是在煮鸡腿里面加一点点豆瓣酱或儿童酱油，仅仅借一点点味道就好。在清水中加上一片姜，然后将水煮沸，将事先焯过水去过血沫子的鸡腿放进去煮，七分熟的时候加一点点黄豆酱或儿童酱油，然后改成小火慢炖，炖好的鸡腿香而不咸，宝宝吃着刚刚好。再配上一点煮青菜和白粥，真是美味得不要不要的。

三是胡萝卜山药泥。这个做法最简单，山药、胡萝卜隔水炖。熟了之后将山药、胡萝卜一起放在料理棒中打碎，直至粘稠、滑糯。这道菜更像是一款饮品，打碎的时候多填些水，几乎可以让宝宝直接拿着杯子饮用。胡萝卜明目，山药料理肠胃，都是宝宝应该常吃的好东西。这里有个小窍门，隔水炖的容器可以选择炖盅，这样高温加热时，食材本身流出来的水分就可以很好的保留在炖盅里，而打碎时直接添加炖盅里的水，原汤原食，滋味不得了。

瞅瞅，这就是现代社会的好处。信息共享，设备先进。有本好教材，有些好装备，留些压箱底的菜品，一个下得厨房的妈妈就这样上岗了。当然，这也只适用于宝宝一岁以内的初级阶段，随着孩子慢慢长大，他对食物的味道必然会越来越有追求。要想成为一位合格的厨娘，必然要随着他的口味一同成长，丰富自己的厨艺，壮大自己的钱包——不然拿什么更新教材和装备呢？

4.4非典型周末

朦朦胧胧中觉得有东西在拍打我的脸，我睁开眼，发现Beta正端坐在那里，用他的小手拍打着我的脸颊。这小东西，不懂得打人不打脸的道理吗。从窗帘外透进来的光可以辨别，现在也就早上五点多。窗外还没有广场舞大妈三五成群的吆喝声，这一点更加证实了我的判断。

“天还早，小祖宗，再睡会。”我一把按下Beta，他先是不满意，挣扎着要坐起，折腾好一会儿累了，这才乖乖睡去。而我闭着眼睛拼命回忆，刚刚梦到哪里了？好像舒服地泡着脚吃着寿司看着书，Beta爸在厨房炖红烧肉。哎，此般舒适的生活只能出现在梦里了。

窗外传来阿姨们高亢的声音，不用看时间也知道，这是六点了。每天六点，附近几个楼的广场舞大妈就会在我卧室的窗口下集合，有的边等人边练嗓子，有的在给伙伴打电话，有的则是用买菜的小推车在地面上发出丝丝拉拉的拖拽声。等大家聚齐了，带头的大妈就会清点人数，一行十来个人，却可以清点上一分多钟，本应宁静的清晨被一声声或清脆或沉闷的声音充满：“来了，来了”“我也到了，我也到了”。好像她们在合起伙来测试二楼那个疲惫的妈妈多久后会怒起关窗。

窗是关上了，瞌睡虫却回不来了，窝在沙发上看书，略带瞌睡与倦意，

却有一种慵懒的幸福感。突然，隔壁传来一声“妈妈”，结束了我的美梦。一看时间，六点半。

我应声而至，Beta已经扶着床围站起来了，看见妈妈进来，示意我抱他下床。“爸爸”，我替他喊道。我知道喊一声肯定是喊不醒那个睡神，于是换Beta接着来：“爸爸”。不久，隔壁房间的爸爸就醒了。

“宝宝醒啦！”

看见醒来的爸爸Beta很兴奋，清早起床看见爸爸，意味着可以出去看广场舞了。所以妈妈对广场舞大妈们又爱又恨——有了她们，Beta起床后可以由爸爸带出去遛上一小时，妈妈可以利用这个时间给Beta准备早饭、自己洗漱、吃早饭、收拾屋子；而也是因为有了她们，Beta睡回笼觉的时候，妈妈却只能大清早被吵醒。

“Beta乖，换好衣服和爸爸下去玩。天天早上下去玩的小宝长得帅，长得帅的小宝老婆多哦!”我边胡说八道边从帮Beta穿衣服，穿鞋子，赶快放他和爸爸出门。

看看时间，现在七点，给bete做早餐的时间。赶紧拿出婴儿鸡蛋来煮，同时把虾拿出来煮上，把粥放到锅里面，菜叶子清水焯焯后切碎。小人不大，吃的比谁都复杂。如果不想一会就这样蓬头垢面带着小祖宗出门的话，还是赶紧洗漱、吃饭、收拾房间。然后整理挎包，今天的计划是，上午上早教课，下午游泳。一瓶热水、洗好的一盒蓝莓、尿不湿、备用的两条裤子一件背心、一包饼干，哦，对，还有手口湿巾和屁屁湿巾，早教课的卡不能忘了。呵呵，即使丢三落四如我一般的妈妈，也会被训练得眼疾手快、心思细密、并行多线程。

八点，看广场舞的爷俩回来了。Beta一身的土，妈妈也不吃惊，哪次回来不是这样呢？赶紧洗澡，换衣服，喝水，放进餐椅里面，然后就是吃饭这

场重头戏。

Beta是个胖小孩，却是一个吃饭费劲的胖小孩。最初吃饭必须要玩个玩具，后面发展成吃饭必须要丢球有人捡，近期又发展成妈妈要准备两个碗，一个供妈妈喂Beta，一个用来供Beta喂妈妈。但可惜他还拿不稳勺子，喂妈妈一口饭很耗时，常常一勺子饭直接拍到了地上，丢到了妈妈身上，甩到了自己衣服上，顺便搞了爸爸一脸。所以一顿饭常常要吃上四十分钟，快的话也要半个小时，当然，这快慢程度不取决于妈妈喂Beta吃饭的速度，绝大程度上取决的是Beta拿勺子的平稳度，喂妈妈吃饭的速度。

今天还不错，半小时就吃完了饭，bete的脸也变成了小花猫，免不了要洗把脸。洗脸是Beta最讨厌的活动，简直跟要杀了他一样，打挺、躲、把脸埋在妈妈衣服里、抱住卫生间可以抱的任一样东西不放手等等，简直是用尽全部力气来反抗妈妈的暴行。

八点四十，妈妈和Beta浑身是水地回到卧室，重复换衣服的操作。妈妈心里很急，早教课九点一刻开始，八点五十是最后的出门时限。自从家里请来了这位小祖宗，妈妈觉得自己的生活就进入到了高速运转但低速前行的状态。每天都马不停蹄地忙这忙那，几乎连头发丝都被调动起来了，但还是永远赶不上——上班要跑、和人约了吃饭要赶、连周末带他去上个早教课，都得连跑带颠。

八点五十，我们终于这样出门了：爸爸嘴里塞着没有嚼碎的包子，手里抱着Beta；妈妈一手梳着没来得及扎起来的头发，一手拎着Beta的鞋子，风风火火地往楼下跑。一楼的奶奶开着门在客厅乘凉，看见我们如此狼狈笑道："这又要去干啥来不及了？"

九点一刻，早教中心教室。最初报早教班的想法很单纯：有个地方可以玩、有水可以喝、没有太阳晒、有很多其他的小宝和玩具，这环境多适合

妈妈休息。可惜上了课才知道，什么早教课，简直就是妈妈产后恢复课。一会抱着Beta跳舞，一会扶着他做游戏，这四十五分钟有他静止的，都没你停下的。

十点，早教课下课，妈妈和爸爸谈判："我累了，你带他去超市。"

"你不去啊？"

"我走不动了。"

"可是他尿了我一个人也弄不了啊。"爸爸脸露难色。

"不是穿尿裤了吗？"

"如果哭了呢？"

唉，也是，Beta进了超市这也要拿那也要拿，不给就会哭，哭了又很难哄，还是一起去超市吧。

从前没孩子的时候，很鄙视那些带孩子去超市玩的爸妈，去哪玩不好呢，超市人多乱哄哄的。自己有了孩子才知道，小东西是多么喜欢去超市，什么都想要拿，什么都要摸摸，什么都好奇。大葱要拿一根在手里甩一甩；西红柿要抱一个在怀里；看见薯条肯定要抱走。逛超市绝对是个力气活，别的不说，光跟在他屁股后面捡东西就够受了，更何况还要把他从推车上抱上抱下、把他丢掉的东西放回原位，还得时刻提防他摔倒。相比之下，正常的购物环节真是爽歪了，不就是在排长队结账嘛？不就是在拥挤的人群中挑菜嘛？这些和伺候孩子探索世界比起来，简直就是毛毛雨。

超市出来的Beta睡眼惺忪，伸开小手要抱抱。真是太重了，俩人传来传去地抱也累，来时二十分钟的路回去的时候走了四十分钟。到家已经是十二点了。

"你赶紧做饭，我哄他睡午觉，睡不好下午游泳是要白去的。"

Beta爸自然乐得这样的安排，抛开他没有哄睡小祖宗的本事不说，谁

愿意和这个熊孩子每分钟都捆绑在一起呢。路上还睡眼惺忪的Beta一回到床上，立刻恢复了精气神“犹如神助”，“哗”的一下整个人都精神了，站在床栏处丢球，丢到地上后要我捡起来递给他再丢。这样玩到十二点半，终于累到睡下了。你以为这样就可以休息会儿了吗？妄想。赶紧再次整理包包，杯子里喝光的水要补充上，检查一下湿巾、尿不湿还够不够用。下午是游泳，要放浴巾进去，同时多洗点水果。

吃上饭已经一点半了，大口扒拉几口，不是因为饿，更不是因为好吃，主要是因为小东西随时有醒过来的可能。

他醒来的一刻意味着，一个漫长而疲惫的下午开始了！具体过程基本上重复上午，只是场地有变罢了。和早教班一样，最初报游泳班的想法也是希望解放劳力，游泳班的推销老师说了，这里全程老师带领，不用家长操一点儿心。事实上呢，心确实是不用操了，力还是要出的，人家需要你贴身跟着他，喂水、捡球、拿小鸭子、递小喷壶。游完泳的休息环节，人家自然是把水果抹得衣服上到处都是，好叫你觉得自己带着背心真是英明神武。人家还要在滑梯上爬上爬下，不管站不站稳、爬不爬得动都要爬，反正你会在边上扶着，在后面得托着屁股。

从游泳课回来，已经是下午五点了。又一轮闹觉的Beta自然不会放过这个要抱的好机会——你敢不抱我吗，不抱我就不睡觉呀。抱着哄、讲故事、唱歌、走来走去，足足折腾了半小时，小祖宗终于睡了。嗨，美好的下午虽然来得晚一些，终究是来了。下床和Beta爸分享这一美好时刻，怎么也得合吃个消暑降温水果以示庆祝吧，结果发现喊Beta爸根本没有反应，敢情人家早就和周公约会去了，看，这就是爹和妈的区别。

赶紧吃两口冰镇西瓜，舒舒服服地爬上床，真是美丽的午后，有儿子在身边酣睡，虽然闹了点，起码这时候是乖巧的；有凉丝丝的水果降温，吃完

是清爽的。赶紧睡吧，说不定什么时候小祖宗就醒了。

“咦，天怎么都有些暗了，我睡了多久？”当我从床上爬起来的时候，我惊奇地发现身边没有Beta，下床后发现餐桌上留有字条：“妈妈，我和爸爸睡了一个好觉，现在爷俩儿精神抖擞，心情大好。我们觉得这样目光如炬地在家里等待一个女睡神醒来似乎是一件并不明智的事情，所以我们一起出去玩了。醒来后准备我的晚饭以及你们大人的晚饭吧”。最后写着爸爸替Beta代笔。

原来已经七点了，我一觉睡到了Beta又要去看广场舞的时间。我像重获了青春一般，在厨房里开心做饭。睡眠不仅可以安抚情绪，简直可以洗涤心灵！睡足觉的、精神焕发的女人一定是个善良美好的女人，相反，一个缺觉的、疲惫不堪的女人不仅心烦意乱，也会狭隘暴躁！捡菜、煮饭、炒菜、收衣服、洗下午的尿裤子、煮宝宝面条，然后安闲地坐在椅子上，慢吞吞地吃晚饭，有什么好着急，以Beta的性格，不到八点天不彻底黑下来，人家是不会肯回来的！

好日子就和好梦一样，终究要被突然无情打断和终止。Beta没有玩到八点就回来了，因为中途拉了臭臭提前赶回家，我的好日子也提前结束了。给Beta洗澡洗屁股，穿尿裤。接下来是长达四十五分钟的喂饭，换掉吃饭弄脏的衣服，这就基本上八点半了。每天这个时候，我放儿歌给Beta跳舞，说是跳舞，就是坐在那里按照节奏甩手，甩手的动作参见广场舞常见基本动作，或者撅起屁股跟着音乐扭圈圈。这是一天的欢愉时光，天不热，人不饿，Beta不闹，还可以娱乐他人。只有这个时候我才觉得，当妈也是有快乐而言的。

而这快乐总是短暂的，终于他玩累了，一脸叽歪地伸开双手要我抱抱，我知道，奶睡的时刻来到了。夜晚则又是另一场战场，抱起Beta送上床，关

灯，躺下讲故事，哄睡。而我自己则感觉睡神一步步向我走来，向我招手：“姑娘，来吧，让我成为你的信仰吧，我将给你最安逸舒适的体验。”

我就这样结束了我的一天。虽是个姥姥偶尔不在的非典型周末，却是一个新妈妈日常生活的加强版。

4.5找个技术靠谱的通乳师

身为在岗一年的资深新妈，总是会收到一些来自孕期准妈们的咨询，小到待产包里面都应该放些啥，大到要不要请月嫂。每每面对这些问题，我都深感紧张与矛盾：一方面，我的感性告诉我，像一位过来人那样在如此重要的人生大事上给后辈指导意见，这是多么凸显自豪感的一件事！难得有装成智者的机会。而另一方面，我的理性告诉我，每个人的经验都仅仅适用于自己，你说待产包中不用准备尿盆，而人家偏偏就拔了尿管还下不了地。所以一般遇到此般信任的咨询，我都会尽量强调，我的经验仅仅是我的，不见得适用你。但唯有一点，我总是不厌其烦的提醒孕妈：手头一定要有一名通乳师的电话，最好是朋友用过的，技术靠谱的，以备不时之需。

我请通乳师比较仓促。事实上，只要不是早期开奶，除非你手头准备好了通乳师的联系方式，不然都将成为一件仓促的事。

我和通乳师陈阿姨是在我出月子的第一天见的面，见面的前一晚我刚刚进了急诊室。事情是这样的，从哪儿说起呢？还是从母乳说起吧。我得说，这世界上有十个新妈妈，就有十个母乳脑残粉。天然有奶的、开始没奶的，胸大的胸小的，奶眼多奶眼少的，乳头内陷不内陷的，所有的妈都在亲娘奶这件事上和自己拧巴。先天条件好的自然没的说，先天条件一般的就后天

勤奋努力。你看育儿论坛，小月龄宝宝的板块，怎么增奶，如何成为一名合格的奶牛，永远是话题排行榜上的第一名，那些同样热门的话题，如老公出轨，婆婆添堵，宝宝红屁股、呛奶、吐泡泡，只能屈居第二。

这都是当妈的正常心态，我不知道其他妈妈是怎么想的，就我自己而言，或多或少带有这样的情绪：本人小小一草根，物质方面，没本事给儿子最舒服的婴儿床，没本事给他最大的婴儿房，没本事年年带儿子环球旅行；精神方面，没境界带他采菊东篱下，没才情教他高山流水，也没本事使他出口成章；而时间方面，我没时间见证他幼年的每一刻成长，等他满了五个月就要把他丢在姥姥的怀里，而他的亲妈我，只能外出继续打工给他赚尿不湿钱。我在陪伴上、物质上、精神上都没本事给他最好，而只有母乳这件事儿，我可以给他最好的、最适合他的！只要我吃下足够多的维生素蛋白质，挤出来足够多的奶，我就是最好的奶牛。

所以我的月子，也是勤奋催奶的月子。月子里的前十天，宝宝因为新生儿低血糖不在身边，我就每隔三个小时，对着吸奶器吸吸吸，从最初的每次20毫升，到50毫升，到后面的300毫升，相比于很多妈妈，我算是幸运的，没费太多力气就成为了一名合格的奶牛。奶多也有奶多的苦恼，每隔三小时起来喂宝宝一次，而他一次只能吃完一侧的奶，另一侧的奶只能用吸奶器吸出来。月子里，我一直坚持这样的作息，但月子的最后几天，因为晚上实在太困，喂完夜奶后有好几次懒得起床吸另一侧的奶，想着留给他三小时后再吃吧。终于在临出月子的那一晚，乳腺炎来报复我对它的怠慢。

乳腺炎是一种极其痛苦的疾病，首先它来得很快，可能21点的时候你还生龙活虎，24点的时候你就突然浑身发冷，冷得牙齿发抖，抱着暖水瓶，盖着三床大被依旧不停地瑟瑟发抖。冷过是极热，极其热，当你感觉到浑身燥热的时候，你的体温已经瞬间蹿升到41度+，稍作停留后涨到42度。我有幸

通过乳腺炎第一次感受到了42度高温是何种体验。体温计的上限是42度是有道理的，这简直就是人体极限。

我就在这样的情况下去医院看的急诊，浑身酸痛，只有出的气没有进的气。临行前我甚至留了遗言。没见过世面的我不知这只是乳腺炎，以为自己马上撒手人寰。到了医院，急诊医生见多识广，自然很淡定，打了退烧针后告诉我，你需要找一个通乳师替你将里面堵塞的奶都排出来，只有将发炎的奶排出来，病才会好。

就是在这样的突发状态下，我紧急找到的陈阿姨。在高烧42度的第二天，躺在床上通过朋友的推荐找到的。听说了我的情况，陈阿姨马上赶了过来，当时正是七月，北京最热的伏天，我正纠结要盖几条被子来发汗，陈阿姨进来了。进门看见我就说："发烧怎么还能盖那么多啊，乳腺炎发汗是没有用的，越捂着越难受。"然后赶紧掀掉我身上所有的被子。陈阿姨50多岁的年纪，160左右的身高，收拾得优雅而精致。盘着利索得头发，在雪纺裙外面罩上一件白大褂，很有医生的样子。除了外形看起来像一名干练的医生，陈阿姨也很有医生的决断力，吃不吃消炎药，能不能喂奶，打不打点滴，她都笃定地给出意见，脸上的表情认真又肯定，叫人听着就信服。

虽然我前前后后交了至少3000块大洋给陈阿姨，但我不得不说，这钱花得值。老公有时候会说："你看你号称母乳，外人还以为我们省下不少奶粉钱，但其实算一下花的钱并不比奶粉少，电动吸奶器的钱，储奶袋的钱，维生素的钱，钙片的钱，各种鱼汤、鸡汤、骨头汤的钱，以及得乳腺炎通乳的钱……"话说，我前前后后共得了4次乳腺炎，每一次都是陈阿姨救我于危难之中，久而久之，我养成了胸部略有不适就赶紧发短信向阿姨请教的习惯。阿姨有一点特别好，她真心把自己当成一名医者，而不是一名生意人：能通一次乳就治好的，她一准不让你通第二次。有一次发炎，发烧实在太难

受，阿姨嘱咐吃的头孢没有吃，嘱咐抹的芙蓉膏没有抹，嘱咐喝的蒲公英水也没有喝。第二天阿姨来，劈头盖脸就一通批评，说这样子不乖乖抹药吃药，是要很久才会好的，小宝宝好久吃不到妈妈的奶，他该有多着急。

阿姨极其爱孩子，每一次来，都要逗上半天Beta，还会抱在手里。而新手爸妈做的不当的地方，她也会当面毫不留情地指出。阿姨说话其实并不凶，反而很温和，但可能就是身上自带的权威气质，叫她有种不怒自威的气场。

就是这种权威感和笃定的气场，使我渐渐依赖上陈阿姨，大凡胸头有点什么风吹草动，总第一时间联系她："阿姨，我好像又长了一个大硬块，还有些涨涨的疼，怎么办啊？"其实每一次，我从阿姨那得到的回答都是类似："还出的来奶吗？如果出的来就多叫宝宝吃""奶头上面有白点吗？有的话用针挑开，将里面憋住的奶放出来""是不是睡觉压到了？抹一点芙蓉膏""去买五两的蒲公英回来煮水喝""用大葱拌上鸡蛋清敷一下，先观察一下"。虽然这些事情我已经基本都知道了，但还是习惯于第一时间去请教，似乎只有得到了她的回答，才有信心这样做下去。

通乳的时候总会和阿姨闲聊，聊母乳聊孩子，聊上班聊工作，聊美容护肤，聊业余爱好。陈阿姨是一个很懂得精致生活的女人，50多岁的女人，坚持面部保养，坚持锻炼身体，坚持吃钙片吃维生素，坚持炖各种汤给自己。我们也聊北京的高房价，其间聊到她的儿子，她说自己还得努力工作上几年，儿子还没结婚，怎么也得给儿子赚个婚房。有一次她拿出自己儿子的照片给我看，一个很清秀的男生，眉眼中有着陈阿姨的影子。看着照片，阿姨眼睛中都是笑，丝毫不掩盖对儿子的喜爱：他长得帅，人也上进，就是搞计算机的，接触的都是男生，一直还没找女朋友。我热心地要给介绍女朋友，问陈阿姨有什么要求，阿姨真诚的说："什么工作，赚多少钱都无所谓，钱我能赚，我不指望他们小两口，只要人好，俩人处得来就行。"

偶尔阿姨也会聊及自己的先生，一名特别支持她工作的退休教师，阿姨在外面忙，先生会在家里安顿好后方。每当我抱怨老公，阿姨就会劝导我："男人都是要指导和培养的，好男人的背后是女人的指教与耐心。"看，这就是人生赢家的口吻。事实上在我眼里，陈阿姨就是人生赢家——干练、精致、认真工作、认真生活，赚着足够养家的钱，与先生、儿子感情和谐，被儿子欣赏和热爱，被先生无条件支持，懂得与人相处的艺术，有着自己的爱好，对自己足够的好，知道如何保养自己并使自己越来越漂亮……

和阿姨的缘分起源于母乳，但似乎并不会因断奶而结束，因为身边总是会有一个又一个的新妈出现。每每有新妈妈出现，我都会不厌其烦地告诉她：要小心乳腺炎，常备一个通乳师的联系方式很重要，然后把陈阿姨的电话给她。而我自己，也会经常想起这位率真、精致、干练、自信的女人，想起那段我无比依赖她的时光。

4.6这些是我眼中超赞的物件，走到哪里我都愿意向人推荐

人生路上，先经历的总是要给后体会的当导游，这貌似是个真理。自从我生了孩子后，就时不时有孕妈妈问我，待产包里面应该准备些啥？自从我基本上断了母乳后，又有新妈妈来问我，奶瓶、奶嘴、奶瓶刷、吸管杯这些都哪个牌子的好？而自从Beta基本上胜任用牙齿撕咬这一项基本生存技能后，也会总有小月龄的妈妈问我，研磨碗、料理棒、榨汁机这些都需要准备吗？再后来，问题升级为：床围那东西有没有用？爬行垫到底要不要买？

这些问题被问多了，就觉得有写下来的必要。毕竟可以给看到这些文字的、更加晚到的后来游客做一个参考。不过我得说，以下内容仅仅是根据我个人有限的经验和心得，不见得放之四海皆准。但下文提到的这些物件，是我眼中超赞的物件，走到哪里我都愿意向人推荐。

这些物件是床围、湿巾、滴管吸管杯、腰凳、推车等。

床围，我心中当仁不让的必备物品No.1，太离不开了！熊孩子从会翻身开始，就寻找着以不规则的方式滚下床去的可能性。从沙发或床上掉下去，几乎是每个家庭最频繁发生的“事故”。我在小区里听到，发生这类“事故”最小的婴儿竟然只有一个月，这是有多熊，一个月就能自己往地下蹿。

孩子熊归熊，但事实上谁看孩子时孩子滚到了地上，谁就是家里面的犯罪分子。自己内疚、难过、忐忑、担心的同时，还要承受其他家庭成员的指责。就算熊孩子是在夜深人静时自己翻下床去的，就算孩子是突然翻身掉下去的，就算你只是转身拿个东西，就算你只是一个没留神，当孩子掉下床去的时候，这些理由都将不成为理由。等待你的就只有一个词——在责难逃。幸运的是，Beta迄今为止还未发生过翻下床去的惨案，他的贴身保姆我也暂时没有因此被家人诟病。但仍有一次危险的经历，那是某天夜里，他滚到了床的边缘，半个身子探到床外，却还睡得很香甜。平时半夜我都是被他的哭声叫醒，他不哭闹的时候很少主动醒来，那天也不知道为什么，朦朦胧胧中觉得有情况，坐起来一看，小家伙还差几厘米就滚到地上去了！

“早该安个床围”，这是我惊吓过后的第一个想法。几百块钱，可以给床围上一圈，不但白天睡觉不怕掉、晚上睡觉也不怕翻了，没事还可以在床上玩一会，这是一笔性价比很高的投资，强烈推荐。果然，我家装过床围后，再也不用担心Beta会在夜里睡觉或者午睡的时候滚下床去了。孩子安全，大人也能睡个好觉。

与床围类似的物件还有放在地面上使用的围栏，围起来的面积大小与床围相似，可以放在客厅地面上，里面铺上爬行垫，宝宝白天就可以在里面相对自由地玩耍，大人也不用担心他摸了电、抓了不该抓的东西。围栏我发现的比较晚，从朋友那边知道这个物件的存在时，Beta已经不屑于在4平方米的小地方里打转了，所以只是听说，并没有实际使用。具体赞不赞，得看官们自行鉴定了。

很多妈妈不推荐用湿巾，觉得湿巾里面的一些非天然成分对宝宝的皮肤不好，莫不如用温水+毛巾。我也很认可这些妈妈的观点，只是对于我这个手脚并不麻利、做事并不井井有条的妈妈来说，这样的要求略高。首先是时

间问题，比如家里就我一个人面对这个小调皮鬼的时候，我既要一刻不离跟着他，又要给他弄吃弄喝把屎擦尿，恨不得同时生出来8只手来，哪里还有时间给他打温水拧毛巾？其次是频率问题，他吃米糊会吃得满手满脸都是，连吃个苹果，也会吃的自己眉毛上头发上到处都有，更别说磨牙棒这种妈妈们“咬牙切齿”的零食了，吃完磨牙棒的屋子，简直无从下脚。如果每次都跑去取了毛巾蘸水打湿来擦，妈妈的一天啊，估计不是在取毛巾，就是在打水。如果碰上宝宝拉肚子，那更是每天N次脱裤子、洗屁股，真心洗不起那个毛巾。再者还有个安全问题，离爬行垫不足两米的地方有电视机的电源插头，每次趁我不注意小东西就会越过爬行垫的边界试图去触电，我若是把他一个人丢在这里，他一定会跑过去摸电门。虽说可以把他抱到床上去，然后再去弄毛巾，可保不齐他会趁着这个时间间隙抹得我被褥上都是糊糊。这时候，手口湿巾就相对省心省力多了，拿来随便擦擦，用完就丢，也不用清洗。如果你十分介意湿巾中的化学物质，最不济还可以用它擦拭宝宝身上的污渍，以及给自己擦擦手。再者，外出在外，要水没水，要毛巾没那么多条，湿巾就成了伸手能用的方便东西。就算日常不拿来用，备着也是必要的。

再说点和喝有关的物件，滴管这东西，对于拒绝奶瓶的熊孩子来说真是太管用了。我家就有这样一个熊孩子，出了月子就学会了区分母乳和奶瓶，奶瓶一口不吃一口不碰。但总是得给他喂个水啥的吧，一开始我们就用勺子喂，但是宝宝还太小，很容易就呛到他。赶上生病需要吃个药，就更喂不进去了。直到有一天尝试了滴管这个东西，从此喂水喂药省心省力多了。建议家有不吃奶瓶熊孩子的妈妈们，尽早准备一个。

然后宝宝渐渐大了，能自己喝水了，滴管渐渐被吸管杯代替。在外溜娃，很多妈妈看见Beta直接上吸管杯，就羡慕地说：“这么小就会用吸管杯啦？好厉害。我家的还只能用奶瓶。”呵呵，我才不告诉她我家的从来就没

用过奶瓶，所以家有不吃奶瓶熊孩子的妈，请不要放弃信念，要坚信世界上绝对有可以代替奶瓶的其他好物，比如吸管杯。不过，如果您家孩子只是不拿奶瓶吃奶，那这个没有办法，估计换成什么，他都是不吃。

孩子没出生的时候我曾幻想，生下来就把他交给老公养。事实证明，这只是个幻想。这也不能完全怪孩子爹，毕竟看孩子这种事女人还是要细致仔细得多。比如我们家这熊孩子，只要我在家，就几乎时时刻刻长在我身上。不会走基本靠抱的时候，多亏了这个叫作腰凳的东西。这是一种绑在腰上的小凳子，熊孩子可以坐在上面，面向你坐着的时候，不耽误他抠你身上的首饰；背对着你坐的时候，不耽误他看路上的风景。这样一定程度解放了你的双手，或者说至少解放了你的一只手，你可以一只手搂着他，一只手拿手机、拎个包包，也缓解了胳膊的酸痛。只是用久了腰会有些痛，毕竟把负担转移到腰上去了。

这样数下去，好用的、必备的物件不要太多。比如小推车，最好是躺坐两用的，困了累了，随时可以调整成躺倒的状态路边来一觉，不用抱着睡，随时解放双手。奶瓶刷也得来一个，利用率很高，但是奶瓶清洁剂完全可以不要，清水洗干净，开水一烫就好。榨汁机得有，加了辅食就得喝果汁，榨汁机几乎天天要用到。比如连体衣，晚上睡觉的时候，熊孩子是不会老老实实地盖着被子，还是盖上了一会儿就踢掉。别的地方还好，肚子很怕着凉，受了凉气会肚子疼拉肚子不说，也会影响食欲。普通的衣服裤子肚子这里是分开的，就算睡前你给他塞得再工整，醒来的时候也一准是衣服一团糟。这时候连体衣就是保护肚子的好法宝了，穿着睡觉，妈妈再也不担心我凉到肚子了。比如鞣酸软膏，也是必不可少。宝宝小的时候很容易出现红屁股，一般来说，护臀霜起到的是预防作用，就是说，一旦红屁股长出来，用护臀霜是起不到多大的作用的（这个说法有些片面，可能是Beta肤质的原因，或者

我没有买到合适的护臀霜），这时候就需要用到鞣酸软膏，很好用，就我家而言，Beta的红屁股一般都没有超过两天就好了。

再说蚊帐、餐椅，还有……

我计划就此打住了，这样数下去，数到明天早上也数不完。出生在这个时代，也不知道是我们的幸福还是不幸，幸福的是，我们有如此多的东西，可以减轻我们的育儿负担，可以解放我们的双手或双眼，可以给我们带来片刻的清闲。不幸的是，以上这些东西哪一样不要钱？人民币可以换来时间和空间，但前提是你得有人民币。像我等这样并非土豪的工薪阶层妈，既没有那么多的富余闲钱逐一买全，也没有那么大的房子放置这些物件。只得根据自己的实际需要选择投入产出比高的装备，或者可以多和同小区、同城的妈妈互通有无，节约开支的同时，说不上还可以结个儿女亲家。

4.7 宝宝周岁游，说了就一定要实现

老早之前，我们就在筹划Beta的周岁游。

说实话，我和Beta爸就不是什么热爱旅行的人。虽然每年也都会出去看看，但那不是因为喜欢在路上的感觉，而是因为有多余的假期无法打发。每年两三周的年假，宅在家里连老妈都会笑话自己，再说也觉得对不起假期。回老家也多半安排在十一、春节这些父母也休假的时间，年假的时间除了出去走走，几乎没有其他合适的打发方式。

但旅行终究是小资们该忙活的事儿，像我和Beta爸这样习惯了精打细算的小市民，并没从旅行中咂摸出太多的滋味。我和Beta爸，一个懒惰，一个抠门，懒惰的人自然不愿意查攻略，看游记，订机票，选酒店，设计线路，打包行李，只要跟着人走就ok了；而抠门的人订机票自然更多考虑价格而不是时间，选酒店自然更多考虑经济而不是方便，设计路线自然更多考虑实惠而不是尽兴。懒惰和抠门之人安排的行程，常常在刚到达目的地甚至刚刚走出家门的那一刻，就已让人感到疲惫，出行成了一种负担：累、晒、吃不好、睡不好。有趣的是，即便如此，每年还是会出去走走，就好像诚心想挑战感情牢固程度一样——因为旅行路上俩人可是有吵不完的架啊！

后来有了Beta，时间被填充得满满的，每天吃饭都是吞的，走路都是带

跑的，恨不得凭空多出两个小时来睡觉，恨不得一天当两天用，再也不需要为了打发时间而出行。而且自从小东西半岁后，周末能够宅在家里的时间很少，虽说去的都是周边的公园，如奥林匹克森林公园、颐和园等，但每周带着熊孩子赶车、扶着他到处走着抠蚂蚁、抱着他坐在长椅上午睡，每周累得腰酸背痛，早就对户外活动失去了兴趣。家门口的活动都累死了，哪还经得住长途跋涉到其他城市去呢！

但我们还是老早就在筹划Beta的周岁游，没有什么特殊的理由，好似潜意识中默认就应该有这么一场出游，就和百天照、周岁照一样不可缺少。多多少少有那么一点仪式感的味道——看，这小子是大小伙子了，都能带出去旅游啦！

虽然老早就在筹划，但什么时候出发却一直没有想好，毕竟带孩子出门不是一件轻松的事情，必需品分分钟装满一行李箱。换洗的衣服、睡觉的铺盖这些常规的就不提了。大人出门吃饭带着嘴就行了，遇到什么吃什么，小孩子出门，奶粉、米糊、肉泥、肉松、各类肉肠等常吃的辅食总是要带的，那么配套的就来了，奶瓶、辅食碗、小勺、研磨碗、口水巾、罩衣、手口湿巾……这还只是吃，推车你要推的吧，不然一路要抱可是要了你的小命；地垫儿你是要带的吧，人家随时随地都有想吃要喝的可能，没个地儿怎么好施展人家那么多的物件；尿不湿、屁屁湿巾都是要带上一大包，心爱的玩具还得带上几个，单反也得带着——不拍照片还出去个什么劲啊！

去哪儿也一直没有定，我把各类旅行App上的攻略翻了个遍，也没找到合适的地方——远的担心路上时间太久Beta会闹，近的也不行，坐大巴更是要嚎嚎嚎；海边会不会蚊虫多？草原会不会太颠簸？去一个有亲戚在的地方吧，会不会给人家带来太多的麻烦？去一个完全没有熟人的地方吧，会不会有了特殊状况叫天天不应、叫地地不灵？

而且，人民币也是个考虑的因素。旅行，就是一个费钱的事儿，你以为花时间摆弄摆弄机票、看看攻略就能省下一笔？是可能省下一笔，但那是有前提的：你可能需要在机场熬夜转机，可能需要住在发霉的小宾馆，可能吃完就坏了肚子，可能花一下午时间在找路。没有孩子怎么着都行，有了宝宝，他哪里能受得了这份折腾？

省心、省力、省钱，还想走远点，以彰显我儿正式成为了大孩子，这些条件都满足得有多难？所以一直到Beta十一半月大，我们也没有想到一个合适的地方。

原以为这个周年计划会搁置，我甚至想好了哄骗Beta的理由：等他长大后我就和他说，“你周岁的时候妈妈带你去了某某地方玩了哦，累死妈妈了！但你的东西太多，妈妈竟然忘记带相机了，最后没有拍照，真是太可惜了！”对，欺负的就是他记不住。

“反正他也记不住”，成了我们真要出发的时刻，姥姥阻挡我们的理由。在Beta生日即将到来的那几天，因为一些不得不的原因，Beta爸爸需要去趟深圳，正好我也有亲戚住在深圳，这样不仅有地方落脚，节约了人民币，同时还有人照应。亲戚家也有一个差不多大的小孩，我们甚至还可以少带些行李，然后再顺便去下香港。听起来不错，实在不行我们就择地儿不如撞地儿吧，来个深圳-香港一周游好了。

但Beta姥姥不同意，她觉得太远了，而且这么小的孩子坐飞机，她不放心：“最好别带着宝宝去，顺便把奶断了。”

“我还不想断奶。”

“那你也别去，这么大孩子去了也啥都记不住，没用。”

“人家第一个生日撒，总是要庆祝一下的。”

“你回头就和他说出去玩了不就行了吗？他哪里知道真假！”嘿，真是

我亲妈，思路一样样的。

“那不行，那是不诚信。”

“那不能坐飞机，对耳朵不好。”

“啥？”

“还有很大的辐射？小心以后你抱不上孙子！”

“那么多孩子做飞机，他们爸妈怎么不怕抱不上孙子？”

“他们爸妈傻，你是高级知识分子，应该不傻。”

“……”

“而且病了怎么办，被你表姐家的小孩打了怎么办？”

“……”

“白白胖胖的带走，黑黑瘦瘦的回来了，我不心疼吗？如果连黑黑瘦瘦的都没给我带回来，你叫我还怎么活？”

“……”

当然，最后我们一家人还是出发了，因为事儿总是要办，深圳总是要去，既然横竖都是去，带着Beta去也是去。至于Beta姥姥，虽然她极力阻拦，但最终没有拧得过我这个当妈的，恩，在她眼里，我也是熊孩子。

后来就有了我们的周岁行，Beta白白胖胖的走，依旧白白胖胖的回。然而这一周的行程和经历、见到了哪些亲人、玩到了哪些东西、走过了哪些地方，在我的记忆里仅仅占了少之又少的比重，剩下大面积篇幅是：去往机场的城轨上，他是如何要求我扶着他一趟又一趟地在地上遛弯；飞机上，他是如何用响彻天空的大嗓门嚎完整个行程；亲戚家里，他是如何因为认生胆怯而一直只要我一个人抱，是如何半宿半宿地困觉；世界之窗里，他是如何不肯坐在推车中而一直要我抱；海边，他是如何兴奋地抓起一把沙子丢向天空，沙子掉进眼中后又嚎啕大哭……而至于香港，我们压根就没去成，好么？

我不知道该如何记录这一周的旅行心得，毕竟深圳不是我第一次去，我早就知道那个城市的干净利落，早就见过大小梅沙的清澈海水，也早就畅游过世界之窗。而Beta对深圳是何感受，我自然无从知晓。在返程的飞机上他没哭没闹，反而酣睡了三个小时，或许和航班时间有关系，但我更愿意理解成这是出行带给他的成长。

就算如此懒惰的我和那般舍不得人民币的Beta爸也不得不承认，旅行是可以带给孩子成长的。远足后的Beta再去颐和园，明显一副很淡定的样子，一副“小爷我做过飞机的人，根本不在意这半小时的车程”的样子，一副“小爷风餐露宿过，湖边睡睡觉小意思啦”的神情。

在返程的飞机上，Beta爸看着我略显憔悴的样子，说：“带娃娃出来是个苦差事吧。”

“恩，确实。”

“下次还带吗？”

“带啊，为什么不带？”

“不嫌累吗？”

“累也值得，我要带他到处去看看，让他感受自然的伟大，生命的渺小，让他开阔眼界，壮大胸怀，不要和你一样，眼中只有人民币。”

“呃……这是人身攻击么？”

“你不觉得出门在外，对Beta本身的锻炼也挺大的么？起码回来的路上不哭闹了，最后两天肯离开我的怀抱自己玩了。”

“这可能是你一厢情愿想出来的，不过倒是难得可以一口气陪他144个小时。”

其实，那些我们事先担心的风险和意外，出现的概率并不大。我们担心生病，其实最多也只是吃坏肚子；我们担心划伤，其实最多也就是碰个小口

子；我们担心会中暑，其实最多不过是晒黑一点。但旅行中孩子能够感受和体会到的，绝不是家中可以比拟的。毕竟，除了出门在外，哪来这么一段全家人都寸步不离陪着他的美妙时光。

明年生日，我还要带Beta出行，就算只是仪式感也好，此般仪式也自有它的意义和价值。那时候Beta就完全是个大孩子了，可以脱离妈妈的怀抱，用自己的脚去行走，用自己的手去感受，用自己的眼去观察，用自己的脑去思考。参考鸡汤文的文艺表达法，我可以这样说：届时，他可以在旅途中感受各种各样的生活，进而在感受中学会辨别、思考和选择。

4.8一年实习期满的妈妈有话说

清晨五点，Beta来回翻身把自己翻醒了，闭着眼睛满嘴喊妈："妈妈，妈妈"喊妈的时候小手前后左右地乱摸，试图发现妈妈的脸或衣角，好像在告诉我："妈我饿呀，饿呀。"

哄睡了这只逢醒就得找奶吃的小猪后，我迷迷糊糊半睁半闭着眼睛下床去厕所。咦？哪里来的甜香味如此浓烈，去往卫生间的路上，我闻到了不同于往日的气息。

卫生间与卧室之间是餐厅，餐桌上放着半块生日蛋糕，蛋糕散发着浓烈的奶油香，好像整个清晨都随之甜蜜起来了。蛋糕边上是一顶寿星帽，小小的，卡通的，上面写着："Beta生日快乐"，蛋糕上插着半支燃过了的蜡烛，依稀可以辨认出是个"1"字，这些都是昨天Beta做寿的余波。

我站在卫生间的镜子前洗手，顺便看了看自己，即使被这充满节日感的甜香气息簇拥着，我也依旧看起来是如此的疲惫，憔悴，邋遢。头发凌乱，衣衫不整，一身奶尿汗的混合味。镜子前的一切似乎在提醒我，这是一个再普通不过的清晨，和从前一模一样。

但我却总觉得哪里也变得又一样又不一样。

一样的是，我依旧得清晨五点喂奶，依旧被六点集合的广场舞大妈逼下

床，即使起个大早，也依旧来不及帮自己准备一身合适的衣服，匆匆忙忙一口一个包子后跑步赶向地铁站。

依旧夜里一个人哄娃，根据他醒来的次数辨别当前的时间，依旧下班就着急赶回家，依旧尽量不参加任何工作时间外的集体活动，依旧在早上出门时和Beta上演一场母子分离大戏。

女婿与丈母娘之间依旧矛盾不断，工作和孩子依旧让我觉得分身无力，妈妈群里依旧吐槽不断，Beta爸仍旧只是一个名词和代号，少见其发挥对应的功能。

Beta仍旧给我惊喜不断，仍旧用他的成长，带给我一些关于生活，关于人生的感悟和道理。我也依旧在母爱荷尔蒙的作用下，喜欢思考亲情、友情和爱情。

Beta成长的路上，依旧有那么多需要我学习和提升的技能，也依旧有那么多做不出判断把不住脉的事情，我依旧为“怎么包好儿童饺”而学习，因“到底用不用上亲子课”而矛盾。

我依旧感谢那些在育儿路上给我帮助和支持的人们，干练的通乳师阿姨、慈爱的儿科医生、万能的妈妈群、热情的遛娃小分队。同样，我也依旧心寒于身边“最亲密战友”的不作为，并乐于四处分享我对他的差评。

太普通不过的一天，一切都一样却也不一样。

不一样的是，从今日起，我就走在当妈第二年的路上了。前路是否更艰难？是否需要更强悍的技能、更大的耐心、更多的陪伴、更贴心的理解、更健壮的体魄？第一年的成长，是否给了我承担第二年担子的能力？

Beta爸听了一定会说，矫情，这不就是个时间点么？昨天和今天又有什么差别，你不还是你，Beta不还是Beta嘛？

昨天和今天的我看不出差别，但去年和今年的我差别很大——身体上，

从前每次换季都要打针吃药，现在小病小灾喝白水就能挺过去；心理上，从前什么事儿都藏不住，现在却能做到心中虽万马奔腾但依旧可以陪儿子欢声笑语；耐力上，以前一宿不睡就崩溃，现在连续抱睡几个晚上仍旧可以精神抖擞去上班；体力上，从前上不动楼爬不动山，现在抱着20多斤的肉球连走半天都没问题；能力上，从前不思进取不求上进，现在不断主动学习新技能……

同样，昨天和今天的Beta看不出差别，但去年和今年的Beta差别更大——身高从52cm变成了82cm，体重从7斤长到了24斤，从只会躺着的娃娃变成现在能跑能走的大小伙子，从只会哼哼唧唧的奶娃儿长成现在会叫爸妈、会说不、会说各种动词的小小人儿，从只能吃奶变成现在的无肉不欢……

这是我们一起成长一起蜕变的一年，这也将是我们人生路上最亲密的一年。我感谢Beta带给我的变化，已经发生的这些“不一样”必将助我更好的面对未来更多的“不一样”。是的，未来我还会面对更多的“不一样”，比如远的不说，那个上蹿下跳小肉球，未来几个月必然会面对着断奶的“挑战”，那将是我们之间的第二次分离，我们是否能够很完美的完成这次转变？再比如，那个对我言听计从的小小人儿，终有一天会学会叛逆、学会挑战妈妈的权威、学会耍赖、学会不讲理，我是否准备好了足够多的育儿知识、足够多的时间、以及足够多的耐心？

不幸的是，和这个小东西携手前行的路上，充满了无数的变数、未知、不安与“不一样”，但所幸的是，有些现在仍在持续的、且会一直持续的“一样”，将必会助我更好的面对未来的“不一样”，这些“一样”就是我们之间永远不会变的、浓浓的爱。

本篇是Beta出生第一年系列文章的收官篇目，我知道我本应将它写得更深情、更美好。一方面，是我的个人能力问题，作为一名写作新手，我从怀上Beta后才开始写作，写作灵感这份是Beta送给我的意外礼物，我还没能够

完全驾驭；而另一方面，我是怀着忐忑的心情来写这篇文，因为Beta生日这样一个重要的日子，勾起了我初为人母的诸多感触，我生怕漏掉、生怕描述不清我的感受。要说的越多、也就顾忌的越多，就越无法完全表达。

既然无法表达自己的感受，那就来说说为什么写这一系列吧！写这一系列的原因，最初是源于内心的负能量。从前只是听说，孩子出生头三年，是考验夫妻关系的三年。但从来没有人告诉我，养孩子是如此考验妈妈的工程。每天满满的拧巴事儿，生活再也不是简单的油盐酱醋，简单的上班工作下班休息。生活中突然多了很多矛盾，每天的日子都是一手搂着矛、一腿夹着盾的向前疯跑，每天的日子都被各类矛盾撕碎扯烂。每天都是一脑门子的官司。

但日子总是会时不时带给我些温暖的情怀，类似于Beta生日蛋糕上的烛光带给我的温暖与感恩。我在Beta身上看到他对待感情直接又坦白的方式，看见Beta对我的爱，看见Beta探索未知世界的努力，感受得到Beta对我的治愈。我通过Beta的成长过程品味亲情、体会友情，通过Beta的成长认识和体会生命的精彩，进而也会更多地感悟人生。我因为Beta的成长接触到了很多善良的医生、好心的技师、热情的妈妈，这些都使我心怀感恩。

所以这一年，我一直坚持写这一系列，我希望自己能够牢记这一年的身体和内心的变化，以及所有值得回忆的故事，不管是心酸还是幸福，是甜蜜还是伤怀。当然，我最希望的是把自己的经验教训分享给更多的新妈妈，愿你们家庭和和睦睦，孩子们健康快乐成长！

5.1 爸爸给Beta的第一封信——你可以做与众不同的你

亲爱的Beta：

Beta好，爸爸有幸认识你已经长达22个月了！

是的，加上你在妈妈肚子里的时间，你来到爸爸妈妈的生活中已经22个月了。爸爸现在还清晰地记得13个月前你即将出生时我们全家紧张的模样。像所有的菜鸟爸爸一样，我对你充满了幻想和期待，但也充满了敬畏和恐惧——那么一个小东西，听说睡觉没点儿、换尿布大哭小叫、更有什么奶睡、抱睡等各种奇葩爱好，真是不知道该怎么办才好。在你出生前，爸爸一直和“前辈们”沟通学习，希望能够找到一招制敌的妙招。

你别说，还真学到一招，有人告诉爸爸，怀孕的时候经常隔着肚皮和胎儿说话，胎儿就会记得爸爸的声音，等出生后，听见爸爸的声音就会觉得很安全，就会立刻安静下来。神奇吧，爸爸简直就是魔笛呀！于是当年你在妈

妈肚子里的时候，爸爸每天隔着妈妈的肚皮和你说话，给你唱歌。每天爸爸趴在妈妈的肚皮上，期待着你出生后爸爸的声音大显魔法的时刻。

后来你八面威风地赶到，爸爸沮丧地发现，魔法根本不起作用！事实上，你好像根本分不出来妈妈之外任何声音源的区别。所以每次你嚎啕大哭，爸爸在你边上奋力大喊“小子，我是爸爸，你不是在肚子里面答应爸爸，出生后不大哭的吗？”的效果，倒不如妈妈柔声来一句“宝宝乖，妈妈在这”管用。

后来也不知道怎么着，可能是因为作为新生儿的你对妈妈有天然的依赖性，也可能是因为爸爸天生粗糙笨手笨脚，渐渐地，妈妈包揽了照顾你的所有事宜，爸爸仿佛沦落成一个欣赏者，每晚九点下班回到家欣赏你的睡姿，每早九点离开家前欣赏你吃奶、拉屎、发脾气。妈妈的不满也是这样渐渐积攒起来的，所以妈妈才会一口气写了九篇文章来说明“生活就是一胳膊搂着矛一腿夹着盾”。偷偷地告诉你，妈妈的那几篇文章爸爸一眼都没看，因为爸爸相信，那不会是我们家庭生活的常态，随着你长大，随着爸爸在你生活中出镜频率的增加，爸爸相信，妈妈在你一岁前感受到的那些撕扯与无力、矛盾与斗争、压抑与痛苦，都会随着时间渐渐远去，生活可能不会回到没有你之前的平静，却多了因你到来所带来的无限快乐。

今天是你满十三个月的“大日子”，妈妈和爸爸说，她决定未来每个月都坚持写一封信给你。然后妈妈就直勾勾地看着爸爸，爸爸知道，她是在等着爸爸表态，要爸爸也每月写一封信。可是这事儿爸爸没本事每月都做啊，但一封不写妈妈还是不会放过爸爸的，喏，这就是这封信的缘由。

而妈妈为什么要坚持每月给你写一封信呢？妈妈的说法是，因为你每天都有那么多可爱的、好玩的事情发生，你每天带给爸爸妈妈那么多欢声笑语，而你自己却不会记得。你是那样地依赖我们、爱我们，你是那么的可爱，那么的有趣，这些爸爸妈妈都看在眼里、也会记在心里。但你却不能，因为三岁之前的你是记不得事儿的，发生在我们之间的那些甜蜜，你的那些古灵精怪，长大后就会被你忘却，那将多么可惜，是不是？所以妈妈想将我们之间的大事儿都记下来，一方面，这些信可以成为我们之间这段最美好时光的记载和见证，另一方面，你也可以通过这些信来回味自己婴儿时期的样子。

爸爸的信看起来更像是妈妈的信的序言。这样可不好，在信的后半部，爸爸得说点不一样的话。

Beta，妈妈曾经在孕期的时候写过一本书，那里面有妈妈捉刀代笔替爸爸写的阶段性感悟，里面有一句话，爸爸一直记得，且深以为然——作为一个未对人类发展做出杰出贡献的男人、作为一个伟大事业来实现自己人生价值的男人、作为一个没有大爱之心想要将自己融化在公益事业中的男人，甚至作为一个没有什么突出才艺、没有超级强健体魄的男人来说，Beta你，注是定爸爸我一生最宏伟的成就，一生，最宏伟。

再次想起这句话，爸爸依旧心中无限感动，说大点酸点，是为生命的神奇；说小点实在点，是为了妈妈日渐枯黄的皮肤和宝贝招人疼爱的笑脸；爸爸的心中也充满了动力，说大点酸点，是充满为了祖国花朵茁壮成长而努力拼搏的动力，说小点实在点，是为了能够让妈妈和你过上更舒适更幸福生活的动力，你们值得拥有我能给予的所有美好。

Beta，爸爸很想给这封信写一个吸引人的、升华主题的结尾，但爸爸写不出。爸爸虽然已与你相识22个月，但爸爸为人父的路走得还不远。爸爸只能说，如果可以，爸爸希望永远记得此时此刻的心情，希望未来若干年后，茫然回首，还能想起这份熟悉的感动与幸福。

爸爸，写于Beta十三个月整的晚上

5.2妈妈给Beta的第一封信——妈妈爱你的方式

宝贝：

最近你每天都送妈妈出门，因为是夏天，早上是一天中温度最舒适的时间，妈妈希望你能多在外面玩耍，就每天早上带你一起出门，送妈妈走到地铁站，然后再由爸爸带着在小区里面玩一会，到了爸爸上班的时间再回家。

今天早上，你送妈妈出门，在地铁前和妈妈送别的时候，主动亲了妈妈一口，妈妈心里那个美呀，一直美到现在。你可能会问，妈妈我们关系这么好，我一定经常主动亲你呀，你为什么会如此激动呢？因为最近一个月，你很少主动亲妈妈，总是妈妈三请五请后才会不情不愿地在妈妈脸上快速碰一下，然后就马上跑开。而今天早上，你却主动跑过来抱住妈妈，狠狠地亲了妈妈好久，妈妈怎么能不甜蜜呢？

而且，你的这一吻，妈妈感受到的是，你对妈妈爱你方式的认可。

如果你是一个心思细腻的小孩，或者在你看到这封信时已经足够长大，你应该就会理解妈妈上段话中隐含的故事前情——在如何爱你的问题上，妈妈一定纠结过，动摇过。

是的，妈妈近期比较纠结这一问题。从你出生到现在，妈妈一直奉行的是温柔的爱，妈妈一直尽自己最大的可能给你提供宽松、自由的环境，妈妈

要求自己尽量少干涉你，对你的要求多是有求必应，你说玩什么就玩什么，你说玩多久就玩多久，很少限制你的自由。同时，妈妈也从来不对你发脾气，无论是你玩到很晚不睡觉，还是你不肯好好吃饭，妈妈都尽量温和地哄你、劝你，截至你十四个月大，妈妈没有和你发过一次脾气。

每次妈妈和其他小朋友的妈妈们说起这个事儿的时候，脸上总是挂着压抑不住的自豪。很多妈妈都说会为了孩子改变自己，但能够真正做到的人很少。妈妈从前是一个强势的急脾气，性格火爆、办事雷厉、说话急促。长达一年多不发火，在从前几乎是不可能是事儿。如果长大后的你问爸爸，在你没有出生的时候，妈妈是什么样的性格，爸爸肯定会说："在你出生之前，你妈脾气很坏，总是生气，我把事情办坏了，或者做事墨迹拖拉了，她都会不满，会发火。"是的，这是妈妈从前的样子，但自从有了你后，妈妈从一些育儿书上学到，作为妈妈，最主要的是心态平和、情绪稳定，只有情绪稳定的妈妈才会培养出快健康快乐的孩子，于是妈妈决定改变。

最初是很难的，改掉一个坏习惯都很难，改变二十多年的性情就更难。但每次妈妈看着你顽劣不堪想要发火的时候，都会不断地提醒自己，要做一个心态平和的妈妈，时间长了，也就变成现在这样每天淡定、温和的样子。

这本让妈妈沾沾自喜，这是好事儿，平和的妈妈才会将Beta培养成一名快乐向上的小朋友。可渐渐地，妈妈发现了问题。妈妈发现，你在妈妈面前特别容易撒泼打滚，什么事情不合你的心意，就会大哭小叫。一些规矩，姥爷定下来的你就遵守，而妈妈定下来的，你就完全不以为意。最初妈妈没有觉得这有什么问题，大不了妈妈在家唱红脸，需要管教的事情都交给姥爷和爸爸来做好了。但有一次，你当着妈妈的面去抠墙上的电源插座，妈妈不让抠，你就马上发脾气，生气地大哭、抓自己的脸、还倒在地上打滚后，妈妈意识到，妈妈对你已完全失去了约束力。而这份约束力的缺失会使妈妈失去

部分保护你的能力，这可能会使Beta面临一些本可以避免的危险。妈妈意识到问题的严重性了。

认识到问题严重性的妈妈却不知该如何改变，一方面因为已经习惯了迁就、习惯了哄你、习惯了讨你欢心，另一方面，妈妈也不忍心看见你不高兴和失望的神情。直到有一天，妈妈在一篇名为“不要以散养的名义惯坏你的孩子”的帖子，妈妈才渐渐理清了自己。

那篇帖子里面说，每个大人的心里都住着一个小孩，那是童年的自己，带着没有被满足的需要，倔强地拒绝长大。这个内在的孩子会时不时的出来闹一下，来为自己争取利益，这就是大人身上的那些不成熟、不理智的地方。但大多数的时候，这个心里的小孩被成年的大人所压抑着，直到大人有了自己的孩子，于是，大人心中压抑的那个孩子，就和自己的宝贝合体了。大人为眼前的孩子所做的、所想的，潜意识的层面是在满足自己心中的那个小孩。比如自己小时候需要疼爱，大人就会特别疼爱自己的孩子，这同时也是在疼爱心中住着的那个小时候的自己，自己小时候特别需要自由，就会过度地放纵自己的孩子。

从这里妈妈突然明白，妈妈为什么会那么在意自己情绪的平和，在意自己能够给你的自由。因为妈妈小时候，妈妈家的大人是不太体贴孩子的感受的，妈妈也因此觉得压抑、比较胆小，更是小小年纪就学会了看大人的脸色、听大人说话的口风、顾忌大人的感受。妈妈记得那种胆小怯懦小心翼翼做每一件事生怕惹大人发怒的感受，所以虽然妈妈也继承了自己家长那种火爆的脾气，却不愿在宝贝Beta身上使用，而是下定决心改变自己，让Beta从小生活在妈妈和颜悦色的关怀下。

妈妈用这种方式爱你，一方面是为了给Beta一个快乐的没有压力的童年，另一方面也是在安慰内心中的那个小小的自己。妈妈陶醉于其中，自满于其中，认为自己为此付出了极大的努力，是一个意志坚定的好妈妈。但无形中妈妈混淆了温柔与不作为的定义，模糊了自由与放纵的范围。妈妈以为自己是在表现自己的温柔，实则是对你的“坏举动”不作为，妈妈以为是在给你自由，其实是在放纵你的“恶劣行径”，原来，妈妈打着爱你的旗号，在做害你的事情。

那是一个月前，你十三个月大小的时候，妈妈再一次下定决心，要做一个温柔但坚持自己原则的妈妈。不对你发火，不代表不对你说“不”。

以后，我们之间开始了长达一个月的拉锯战。妈妈还记得第一次明确拒绝你穿着衣服进浴盆时你的反应，你是那么的吃惊、困惑与不解，随后就搂着我的脖子大哭起来，哭得特别伤心。听得妈妈特别心疼，以至于有那么一瞬间，妈妈甚至想放弃坚持，由着你穿衣服下水好了。但理智告诉妈妈不能那样，现在是夏天尚可由得你在浴盆中边玩边脱衣服，若是到了冬天，继续穿着一身棉袄下水，岂不是要冻死？于是妈妈安抚你，给你讲道理，试着帮你转移注意力，我们用了半小时的时间，才让你脱掉衣服来到浴盆。这半小时中，妈妈既没有发火凶你，也没有让步服软，我们就这样抱着、僵持着、直到你冷静下来，不再委屈，相信妈妈即使脱了衣服下水也依旧可以玩得很开心。

接下来的一个月时间，我们相互试水，你在不断地尝试做那些妈妈规定不可以做的事情，想看看妈妈的底线在哪里；而我也在寻找既不把你管得很严又能约束你的一些危险行为的度。这一个月的时间，妈妈看到了Beta对妈妈态度的转变，从一开始的生妈妈气（是啊，在没有任何征兆的前提下，一个无限宠爱自己的妈妈不见了，一个总是拒绝自己的妈妈来了，换成哪个宝宝都会不高兴），到后面的不理妈妈，到尝试着和妈妈和好，再到今天早上对妈妈的主动亲吻。这一个月的时间，妈妈也经历了心里的煎熬，从最初不

确定自己是否能够改变，到后面担心Beta从此不爱妈妈，再到找到我们之间的平衡，最后终于找到了爱你的正确方式。

妈妈把这件事写下来，一是希望写信的妈妈自己能够记得写这封信时的想法：妈妈陪伴在你的成长路上，除了扮演温柔温和的照顾者，还要扮演你第一任的老师和朋友，除了迁就、理解和自由，妈妈也要给你指引和规范。温柔地做一名不作为的母亲容易，温柔地做一名有坚持的妈妈很难，妈妈要永远既温柔又坚持。

同时，也是希望看信的Beta能够在长大后依旧理解妈妈的一些做法：一些不得不管的事、不得不限制的自由，和那些微笑、倾听、拥抱、赞美一样，都是妈妈爱你的方式。

爱你的妈妈，你十四个月零两天的晚上

5.3妈妈给Beta的第二封信——关于爱好

亲爱的Beta：

昨天你带给妈妈很大的一个惊喜，你知道吗？

昨天下午，你和姥姥姥爷陪着爸爸妈妈外出办事。爸爸妈妈办事期间，将你放在一个商场里玩耍，由姥姥姥爷陪着你。晚上爸爸妈妈来接你的时候，还不会说话的你，用肢体语言和你的“婴语”向妈妈讲述着下午发生的故事：一位姐姐很喜欢你，停下来和你玩耍了很久，给你讲故事，陪你捉迷藏，陪你将一把纸牌从这边拿到那边，再从那边拿到这边，后来姐姐看了看时间，摸了摸你的头，从商场中间的门口出去了。

还不会说话的你，却能够表达这么长的一段内容，是不是好神奇？这几个月，我们之间已经积累了不少肢体语言，你可以用这些肢体语言传达你的意思给妈妈，也可以用它们响应妈妈的表达。比如你想打开早教机听着儿歌跳舞了，你就会嘴巴里哼哼唧唧地唱上两句，然后身体扭来扭去，于是妈妈就会问你：“你是不是想跳舞了？”你会大声地回答：“嗯！”再比如，妈妈说：“Beta帮妈妈把衣服放在洗衣机里面，如果洗衣机的门打不开，就去找爸爸帮忙。”你就会接过妈妈手中的衣服，然后啪啪啪地走到卫生间去，尝试开洗衣机的门，如果打不开，就会跑去拉着爸爸，用手做出拉东西的动

作，同时脸上配合很用力的表情，告诉爸爸自己用力拉却拉不开。我们已经可以通过半说半比画着进行日常生活的简单沟通了，但这些沟通都是单场景的，一般都是简单的句子，最多是条件状语从句。而昨天则不同，你通过自己掌握的几个有限的词汇，配合着你充满想象力的肢体语言，竟然向妈妈完整地叙述了一个故事，而这故事的复杂度似乎不比《小马过河》低。

而这样的惊喜几乎每天都会出现。最近三个月，就是你满一周岁后的第三个月，妈妈觉得你几乎是一天一个样子，比如就在上周，你突然学会了和玩具谦让食物，还给他们喂食。每天早上醒来，还没有睁开眼，你就会呼唤妈妈："妈妈，奶。"妈妈冲好了奶粉拿过来，你不急着自己喝，先是给陪你睡觉的小熊喝，然后给唱歌给你听的火火兔喝，接下来给被子上的长颈鹿喝，给妈妈喝，给姥姥喝，谦让了一圈后，才会抱着奶瓶咕嘟咕嘟大喝起来。

当然，除了惊喜，你也会带给妈妈一些措手不及，比如学会了分享的你也很快就学会了倔强，学会了执拗。好吧，我本可以用更好听的词汇来表达，那就是，你学会了坚持自己的观点和看法。育儿书上说，一岁后的孩子，自我意识开始萌芽，开始通过反抗家长的权威和坚持自己的看法来判断自己是否有权利保持自我，这是个再正常不过的现象。但习惯了你疯玩疯闹的样子，妈妈实在是一时间转换不过来——现在的你真是很让人操心，家里的大事小情，你都要管一管，发表自己的看法：烧好的热水要放在哪里，不按照你的意思摆放，你必是不同意的，你会一而再、再而三地提醒大人水放的位置不对，重新放；你喜欢吃一口饭配一口菜，如果想要你连续吃两口米饭，你一定是不依的，紧闭着小嘴不张开，直到将勺子中的菜换成了米饭；更搞笑的是，最近地敲门，妈妈出来后也要拉着妈妈重新上一次厕所，并请你开一次灯才满意。

据姥爷说，妈妈小时候也是个执拗的小孩。如果今天想在家里玩积木，是说什么也不愿意出去跳皮筋的。姥爷说妈妈当了好几年的执拗小孩，直到上学，才开始变得乖巧听话。

随着妈妈越来越大，失去这份执拗的时间越来越长，妈妈才渐渐明白，这份执拗，这份“我就是要做我想做的事”的坚持，那些你带给妈妈的那些惊喜，以及妈妈眼中你的那些超能力，它们都有一个共同的大名，这个大名就是——童真。

现在你十五个月大，两岁后，你要上亲子班；三岁后，你要上幼儿园；再过几年要上小学。或许那时候，你就如当年的妈妈一样，在经历了做不完的作业、考不完的试后，会变得压抑、难过、自我怀疑，会渐渐地拥有成年人的心思和伤感，会失去你的超能力，会放弃你的执拗，从一个神奇而又坚定的小孩，成为一个普通而又怯懦的大人。

虽然妈妈知道，这是无数孩子成长的必经之路。妈妈的能力有限，就算竭尽全力，也没有办法保护你不失去童真。但妈妈的心里还是希望，你能尽可能长时间地拥有你的小脾气、小执拗，以及你的小小超能力；虽然失去童真的一天一定会到来，但妈妈还是希望那一天来得晚一点，再晚一点。这样，你的童年就会长一点，再长一点。

昨天晚上，爸爸妈妈刚刚针对这个问题讨论过，妈妈的想法偏理想化，妈妈认为，你拥有着比爸爸妈妈富裕的原生家庭（相比于八九十年代贫瘠的生活），有着比爸爸妈妈宽松舒适的大环境（相比于八九十年代万般皆下品唯有读书高的风气），你将会比爸爸妈妈面对更少的精神压力。妈妈不需要你优秀，不需要你出人头地，妈妈只希望你能快乐，尽量地坚持做自己。而爸爸则认为，虽然现在的大环境相对宽松，却也是一个充满竞争的环境，爸爸怕给你完全宽松的环境，会使得你没法在高度竞争的环境中胜出，这样将

来的人生道路变得艰难、狭窄。而等你长大了，或许会埋怨爸爸妈妈——当年你们是不是不爱我？不然为何会对我那么不在意，那么不知道管教、约束我？

真的很抱歉，我亲爱的儿子，妈妈在下班后的办公室，牺牲了回家陪伴你的时间来完成这封信，原本并不为说这些沉重的话题，原本妈妈是想记录近期你的趣事，给未来的你看。但妈妈突然又害怕，未来的你会没有心情，甚至没有时间来看妈妈的“废话”，妈妈希望，就算未来的你再不会如当前这般傻傻的有趣，不得不为了生计劳碌与奔波，也能够有心情理解自己曾经那份名为“童真”的单纯快乐。

妈妈想，既然妈妈没法保护你一直如此简单、坚持、快乐、神奇，那么妈妈应该培养你拥有的兴趣爱好，不为升学、不为炫耀、不为任何功利，只是为了能够唤醒自己内心原有的童真，曾经的简单快乐。

说到这里，妈妈要谢谢你，我亲爱的Beta。在妈妈出版了自己的第一本书后，爸爸曾经和妈妈开玩笑说，Beta长大后介绍妈妈，可以说妈妈是“未知名作家”。“作家”，多么高大酷炫的词儿，托Beta你的福，这般高大上的词儿竟然和妈妈扯上关系。事实上，妈妈在怀上Beta后才开始坚持定期地写作，从前的妈妈只是在倾述欲特别泛滥的时候才会写一些小故事，而现在，妈妈坚持做到了每周一篇。是你的到来，把妈妈从偶尔的怡情变成了真正的爱好。只有在有了你之后，妈妈才懂得有一份真正爱好的好处。

爱好是一个出口，也是一个入口。它是不良情绪的出口，从妈妈怀起Beta到现在这两年多的时间，家里并非风平浪静，妈妈原本是个脾气火爆的人，但这两年，妈妈很少发怒，很少失控，经常会把心事消化掉，这跟妈妈找到了一个新的发泄出口——写东西，有着不小的关系。而同时它也是一个入口，是美好情感的入口，是善良坚持的入口，每次妈妈提笔，记下你的成长，记下你带给妈妈的感动，记下你带给妈妈的生活感悟的时候，妈妈都会

感到无比的温情与感恩。

这样的出口和入口，帮妈妈输出了内心的压力与烦躁，也帮妈妈输入了生活的幸福和甜蜜，使得妈妈能够更简单快乐地生活，这是爱好的作用、爱好的好处。Beta，妈妈向你保证：是的，在这样虽相对宽松（相对于妈妈小时候）却也充满竞争的环境，妈妈无法保证你会一直如此简单快乐，一直如此坚持自我，但妈妈会做到尽自己最大的努力去挖掘你的兴趣点，帮你培养一份足以安抚自己心灵的爱好，这份爱好可以是写作，可以是绘画，可以是钢琴；也可以是读书，是冥想，是发呆。妈妈希望能够帮你找到属于自己的找回内心的方式，在你不得不失去童真之后，还能够以此方式唤起心底的温柔，以此方式安抚内心的感受。

爱你的妈妈，你十五个月零七天的晚上

5.4妈妈给Beta的第三封信——你需要弟弟妹妹吗？

妈妈的大宝贝：

这个月发生了一件大事，国家在十八届五中全会上提出“要全面放开二孩”。

妈妈想，在你能读懂这封信的时候，应该理解十八届五中全会是什么，但或许不明白什么叫“全面放开二孩”。因为那将是几年或者十几年后，那时，“独生子女政策”这个词，估计你们这代孩子已经鲜有耳闻，甚至应该已经成为出现在你们的中学历史课本中的“古董”词汇了。

所以妈妈在这里先简单地给你解释下，在妈妈小时候，因为人口实在是太多了，所以国家规定，爸爸妈妈只能要一个小宝宝。所以宝宝会发现，身边的叔叔阿姨很少有亲兄弟姐妹。而随着这个政策的实施，国家的人口数渐渐就降下来了，再者随着大家生活水平的提高，国家开始鼓励爸爸妈妈有两个孩子，这就是上面说的“放开二孩”政策。

妈妈不知道你读到这封信的时候，是否已经有了自己的小弟弟或小妹妹。因为妈妈现在并没有想好是否要给你添一个弟弟妹妹。是的，在妈妈眼里，“是否应该生第二个孩子”这个问题等价于“你是否需要一个弟弟妹妹”。

最初，妈妈不是这样想的。妈妈没有把生二宝的问题完全和你联系在一起。所以在你更小的时候，有人问起妈妈想不想要再生一个孩子的时候，妈妈会斩钉截铁地说："不生，生孩子这个过程，来一次就够了。孕期的疼、担惊受怕，生产的痛、月子的虚、乳腺炎的烧、夜奶的累，我可不愿意重来一遍。"

但后来，随着你慢慢地长大，妈妈原来坚定如磐石的想法不知何时有了一些改变。妈妈大概是从看见你那么渴望与小伙伴们玩耍的时候开始改变的，你是那么喜欢门前的小广场，那里有很多宝宝可以一起抓树、一起滑滑梯；你是那么喜欢早教课，那里有你喜欢的果果姐姐，也有喜欢你的果果弟弟；小区里面住着爸爸的大学同学向叔叔，叔叔家大你四岁的哥哥，简直是你眼中神一样的榜样，只要哥哥在，你就一刻不停地跟着他……

每个上班的早晨，你都会抱着妈妈的大腿撕心裂肺地大哭小叫："妈妈，妈妈呀"，那个凄惨的样儿，每次都让妈妈心疼不已。有那么几次，妈妈一边听着你的哭声一边下楼，经过一楼某户人家的门口，发现家里老人忙着家务，一岁大的弟弟跟在三岁大的哥哥屁股后面，开心地当着跟屁虫。哥哥时不时地回头说着什么，兄弟俩人一起开心地大笑。看见这个场景妈妈觉得很心酸，因为在我们家，如果姥姥白天想做家务，那么只有把Beta孤零零地放在餐椅里面无聊地摆弄玩具，一个人孤独地玩耍。同时妈妈也想，如果Beta也有一个兄弟姐妹，是不是就不会在妈妈离开的时候如此依依不舍？

是啊，在宝贝成长的路上，妈妈会陪伴，但绝对做不到时刻陪伴，因为妈妈总是别的事要忙，忙于工作，忙于生计，忙于家务。大人们不会时刻地陪伴在宝贝的身边，那么在宝贝成长的漫长岁月中，真正能够一直陪伴你的，或许只有手足。

从那一刻，妈妈开始想，因为自己太过辛苦而拒绝为你添一个弟弟妹妹

的想法，是否太自私了。妈妈终究会先你离开这个世界，妈妈不忍想象你一个人孤零零留在这个世界上的场景，但如果有个手足，在每一个你思念妈妈的深夜，总有另一个血脉至亲可以拥抱，可以互相安慰。再没有人会如他/她一般和你相像——共同的生活经历、相似的长相、相同的价值观……这些都会有意无意地提醒你，这个世界上曾有一个人，那么深切地爱你和爱他/她，现在那个人虽然离开了，却留下了如此相似的你们，可以在未来的人生中互相牵挂和留恋。

但妈妈同时也会在报道上看见一些这样的新闻，怀老二老大以死相逼的，怀老二要给老大写保证书的（保证永远爱老大），老大将老二殴打致伤的，这些报道也让妈妈思考，是，孩子是需要玩伴，但或许其实并不一定需要一个自己的手足陪伴？

在生活压力日益增大的今天，多一个孩子，妈妈能够给你的资源就会少一半，不管是物质、还是精神，妈妈不敢保证，未来的某一天，你是不是会生气地和妈妈说："妈妈，你其实是打着陪伴我的旗号，为我添了一个资源竞争者。"

是啊，如果有了老二，妈妈的精力和体力都要分一半给他/她。妈妈是职场妈妈，白天上班、晚上带娃，带孩子做饭洗衣服，所有家务都一把抓。一个孩子已经让妈妈焦头烂额了，妈妈不能确认再有一个孩子，是否能够将你们照顾明白：我简直不敢想象两个孩子那是何等的混乱。扶起了这个摔倒了那个，洗干净了这个那个又脏了，这个病好了那个又发烧了，妈妈这一双笨手、一只笨脑子不知道能不能应付得过来？

而且，妈妈会维持好你们两个平衡吗？有了老二，妈妈会不会就忽略了你的感受？你会不会因此心里失衡，认为妈妈不够爱你？妈妈不敢想象，如果若干年后，顶着经济压力、精神压力，重新经历一轮孕吐、生产、哺乳、

夜奶的全套辛苦，每天忙得灰头土脸，早早成为黄脸婆，还可能被你反问“妈妈，我不够可爱吗？我不够讨您喜欢吗？您为什么非要再生一个孩子来和我竞争您的爱呢？”那该是怎么样的感受和心情。

同时，再生一个孩子，还涉及经济资源的分配。如果有了两个孩子，是不是房子要大一些才能住得下？各方面的预算都要增加，早教班总是要报两个吧，游泳班也得是双份吧？衣服鞋子被子褥子什么都得再来一套。虽说穷有穷的养法，富有富的养法，但硬生生地把妈妈能提供给你的并不富足的资源分割一半给老二，妈妈真的怕你和老二都承受不了这样的挑战。

宝贝，看到这里，你理解妈妈的纠结了吗？妈妈想搞明白“你是否真的需要兄弟姐妹陪伴”这件事，但妈妈没法搞得明白，不仅因为你还小无法表达自己的想法，也是因为即使你表达出了自己的想法，也不代表那就是你的选择，因为小小年纪的你，在弟弟妹妹到来之前，并不能真正理解这意味着什么。所以妈妈就这样反复思考与纠结，一方面怕没有弟妹的你太过孤单，一方面又怕有了弟妹的你太过清苦。

宝贝，妈妈应该怎么办呢？

纠结的妈妈，你十六个月零三天的晚上

5.5妈妈给Beta的第四封信——结束了与你的共生状态

Beta宝贝：

现在是凌晨零点二十分，隔壁卧室里大哭了一个半小时的你终于安静了下来，由姥爷搂着昏昏欲睡。而妈妈却困意全无，只想写封信给你。

今晚是你第一次在外留宿，也是你正式断奶的第一天，晚上姥姥将你抱到他们卧室的时候，你还处于很开心的状态。从来没有穿着睡衣睡裤出现在那间屋子，你兴奋地在床上跳来跳去，一会是扭屁股舞蹈，一会是伸胳膊舞蹈。可是到了平时睡觉的时间，你还是丝毫没有想睡的意思，虽然你已经困得睁不开眼睛了，但是还是坚持着等待着什么。妈妈知道，你是在等着妈妈接你回到妈妈的卧室。

九点，平时你睡觉的时间到了，你已经困了，安静地坐在姥爷的床上，时不时地嘟囔着一句“妈妈”，妈妈想过去和你说一声，今晚你就留在姥爷那边睡了，又怕你看见妈妈后就不肯撒手，只好一直忍着不去找你。

九点半，你开始不耐烦，呜呜咽咽的，嘴巴里更加频繁地发出“妈妈，妈妈呀”的声音，妈妈这时已经坐立不安了，想过去告诉你不要等妈妈了赶紧睡觉吧，却被爸爸狠狠拦着，爸爸的理由是，不是怕宝贝看见妈妈不肯撒手，是怕妈妈看见宝贝就忍不住把宝贝抱回来。

十点，你已经十分不耐烦了，大哭起来。妈妈实在忍不住，跑去抱你。看见妈妈出现的你马上露出了笑容，跑过来紧紧地抱住妈妈，把脸埋在妈妈的怀里，久久不肯拿开。第一次，你没有要求奶睡，而是任由妈妈这样抱着你晃着哄你入睡。

十点半，你睡着了，妈妈将你放在姥爷的床上，回到自己的卧室。爬上床，想睡觉却怎么也睡不着，身边没有你均匀的呼吸声，感受不到你甜软的气息，妈妈失眠了。不仅是失眠，心里面更是空落落的。

十一点，你应该是醒来找奶吃，发现妈妈没有在身边，于是开始大哭。听声音是姥爷开始抱着哄你，抱着你溜达，哄你别哭，哄你喝奶粉，哄你睡觉。但你还是越哭越厉害。

十一点半，你在那个卧室里面哭，妈妈在这个卧室里面哭，妈妈恳求爸爸放妈妈出门，但爸爸在门口严防死守，死活不让妈妈离开卧室半步。爸爸说，不能功亏一篑。

十二点，你在隔壁卧室绝望地大哭，妈妈在这边绝望地大哭。爸爸终于崩溃了，于是妈妈跑到你这边。和两个小时前不同，你没有快速地来到妈妈的怀抱，在看见妈妈的那一刻，你愣了一下，然后突然更厉害地大哭起来。与刚刚带着绝望与挣扎的哭声不同，这次的哭声中满是委屈与愤怒。妈妈想你一定是在想：妈妈为什么突然就不要我了，我哭得那么厉害你都不来看看我，你心里面是不是没有我了，我好生气！

妈妈尝试着去抱你，你躲开了，抓着姥爷的衣服死死不放手，妈妈尝试着帮你擦干眼泪，可是妈妈的手刚刚放在你的脸上，你更多的眼泪就像断了线的珍珠一样一滴滴的流下来。虽然你不是第一次跟妈妈生气，但妈妈从来没见过你生这么大的气，妈妈真是又担心又心疼。

妈妈拍着你的背，你虽然背过头去不肯看妈妈，却没有拒绝妈妈的动作。妈妈像是得到了认可和肯定，想进一步地拥抱你，于是又一次尝试将你从姥爷的怀里抱过来。有那么一刻，妈妈看见你都要伸出你的小手扑向妈妈了，而下一刻，你又收回了你的手，继续委屈地大哭。

你不肯原谅妈妈，为什么呢？妈妈想起每当爸爸惹妈妈生气了，爸爸事后想直接和好，妈妈心里也是不满意，总是希望爸爸给妈妈个说法。对，你应该是在向妈妈要说法，妈妈竟然才意识到自己的荒谬，断奶断奶，断的是你的奶，妈妈事先和爸爸研究断奶方案，和姥姥姥爷安排断奶细节，却从来没有想到要向你解释清楚。

于是妈妈开始尝试向你解释妈妈为什么不在你身边，向你解释什么叫断奶，向你解释小宝宝为什么要断奶，鼓励你一定可以成功断掉夜奶的。很奇怪，从妈妈开始向你解释的时候，你就停止了哭声，虽然还是不肯让妈妈抱，却可以赖在姥爷的怀里安静地听妈妈说话。最后，妈妈向你伸出手："宝贝，妈妈今天暂时离开宝宝，绝不是因为不爱宝宝了，而是因为宝宝需要长大，需要夜里不再吃奶。这个过程不只是宝宝难过，妈妈也难过，但没关系，这个过程很短，我们很快就会迈过眼前这道坎儿的，相信妈妈，要不了几晚上我们就又可以一起睡了，好吗？"

你犹豫着、试探着将一只小手塞给了妈妈，妈妈接过来亲了亲，你终于向妈妈伸开了双手，妈妈将你接了过来，搂在怀里，如两个小时前一样，你温顺地趴在妈妈的肩膀，听妈妈唱歌，紧紧搂着妈妈，渐渐进入到迷糊瞌睡的状态。

为了不使你养成抱睡的习惯，姥爷这时候接过了你，放在了床上，于是妈妈就回到了自己的卧室，这就是开篇的时候妈妈说的，十二点二十的时候，你结束了长达一个半小时的哭泣，躺在床上乖乖入睡。

宝贝，妈妈在深夜写下这封信，绝不单单是为了记录我们的第一次分床而睡，妈妈是想在这里向你做个保证。妈妈保证，在未来的若干时光里，涉及你的事情，妈妈都不会强行干预，都会给你一个合适的说法。如果你不同意妈妈的说法，妈妈愿意和你讨论，在不触犯大原则的前提下，妈妈一定会最大限度尊重你的个人意愿。像今天这样的疏忽，妈妈不会再犯。

虽然早在半年前，你第一次跟妈妈生气，妈妈就意识到，你已经是个独立的个体，不再是妈妈那个软软糯糯的小跟班，但那时的妈妈仅仅意识到，你成为了你自己，不是妈妈的一部分了，妈妈感到的更多的是失落，更多的是站在自己的感受角度。而今天，妈妈才真正明白，在你成为你之后，妈妈除了关心你的日常生活，更要学会与你对话，学会在意和尊重你的内心感受，学会帮你真正成为一个小小人，一个独立的个体。

妈妈现在才有这样的觉悟，晚吗？

妈妈写于Beta十七月整，尝试断奶的第一晚

5.6爸爸给Beta的第二封信——你要成为这样的人，你一定会成为这样的人

宝宝：

这是爸爸写给你的第二封信，与妈妈的第四封信同时写起。所以现在也是夜里十二点，你断奶的第一晚，你刚刚大哭过，现在正要睡觉。你妈妈也刚刚大哭过，现在看起来内心情感比较丰富，因为她微微皱着眉头，在键盘上快速地敲打，还时不时地掉眼泪，好像很有感而发的样子。

相比于妈妈，爸爸就是情感比较粗糙的大老爷们儿，你肯定会理解大老爷们儿的情感粗糙，未来你也会成为一个大老爷们儿的。爸爸情感粗糙，每次看见你，只知道很喜欢你，想抱着你，想亲你，想陪你玩，但是真在提笔给你写信的时候，却不知道能写点什么。所以早在小半年前，爸爸应妈妈要求写下了给你的第一封信后，就一直没有再动笔。

与爸爸给你的第一封信不同，今天的信不是妈妈督促的，事实上你妈妈现在的状态也绝没有心情督促爸爸，爸爸是看见你断奶，有感而发地想要写封信给你。今天你断奶了，从今以后你就不是一个奶娃娃了，你是个大孩子、大宝贝了。爸爸觉得，你要开始形成你自己的三观、你自己的内心世界、你自己的情绪感受、你自己的想法了。用妈妈的话说，你结束了与她的

共生状态了。

古语道，养不教父之过。虽然在过去的十几个月里，妈妈对你的照顾远多于爸爸，但爸爸知晓自己在你的教育问题上的重要地位，在你的性格培养和品格教育上，爸爸有着比妈妈更为重要的责任。

所以在爸爸写给你的第二封信里，爸爸想和你聊聊爸爸希望你成为什么样的人。这是爸爸未来教育你的目标，也希望可以成为你的成长目标，好吗？

爸爸希望，你首先是一个乐观向上的孩子。无论发生什么事情，你都能接受现实，这是乐观向上的第一步。然后，爸爸希望你能够坦然地面对生活中的不幸与不如意，可以时刻保持着一颗平常心，不焦虑，不烦躁。如果将大把的时间都用在焦虑不安上，会影响你固有能力的发挥。能够做到这些，爸爸就会觉得很安慰了，如果你同时还能是一个具有幽默感的孩子，那就更好了，幽默感是快乐的源泉，爸爸希望你一生快乐。

爸爸希望，你同时也是一个懂得感恩、懂得宽容的孩子。爸爸希望你是一个心胸开阔的、拥有爱心的孩子，这样你才能拥有求知求美的动力。

除了乐观，可以用平常心看待生活中的挫折，爸爸还希望你能够有面对挫折的勇气，要勇于直面失败，要有坚定的意志力，要知道接受挫折感这种感觉和幸福感、快乐这些情绪一样正常，是一种健康的可存在的情绪感受。

同时，爸爸希望你时刻懂得保护自己。爸爸很看重这一点，不仅是因为妈妈经常担心你的安全，也是因为当今社会，你不得不学会一些自我保护和应对伤害的本事，爸爸希望遇到突发危险的时候，你是冷静的、沉着的。

最后，爸爸希望你会是一个有梦想的孩子。有梦想才会有创造力，才会向着目标不停地努力。同时爸爸会保证，在你成长的路上，爸爸一定会善待你的兴趣，一定会认真回答你每一个为什么，爸爸要用自己的耐心为你的头

脑充满马力、保证它足够的动力向前奔驰。

爸爸相信，在你能看懂这封信的时候，你一定已经是一名乐观向上、懂得感恩、直面挫折、懂得自我保护、同时拥有梦想的孩子。

爸爸，写于Beta十七个月整的晚上

一个过来人
——Bete妈的心理历程与生活经验

◎婆媳关系

在你不能改变别人的时候，那就改变一下自己，让自己变得更有耐心：耐心去听老公对老妈育儿细节上的不满，能解释的解释，不能解释的努力调和；耐心的听老妈对老公日常生活的抱怨，他没做到的，能偷偷帮代劳的就代劳。而那种“我最累，我责任最重大，所以你们应最理解我”的理论虽听起来完美，但却不具有可实施性，就当作是一个“执念”忘了吧。

◎激情退却时

既然爱情的激情与伟大的宽容在时间的消磨与日日的相视中早已退去了原来的样子，那就不要执意回到当初，现在也是一种和谐的相处方式。但并不是说，一个家庭的幸福指数绝对是由女人的忍耐和牺牲决定的，只是希望放弃那些爱情幻想中的不切实际，才是生活稳定的唯一法宝。

◎生活在一个屋檐下

大家庭生活本身就是一笔糊涂账，因为生活中的事情，哪有那么多道

理可以讲？因为家里的事情，对与不对的判断标准就很模糊。家可以是讲爱的地方，讲奉献的地方，讲妥协的地方，讲沟通的地方，甚至是讲独裁的地方，但单单不是一个讲理的地方。家里的事情哪有那么多的对与错，站在谁的角度就是谁对，其实换个角度想一下，就能理解彼此。

◎避孕到底是谁的责任

与其痛骂“男人要承担起避孕责任”不如我们女人们坐下来聊些更重要更有意义的事——我们的身体，就是我们最重要的物质基础。不管别人怎么样，身体是自己的，与其寄希望于别人来保护你，还不如自己保护好自己。

◎新妈妈空间收纳术

当有一天我意识到每天都在大量扔东西时——扔掉一些不知道后面会不会穿的衣服、会不会看的书、会不会用到的卡片之类的东西——我知道我在用最笨的方式反抗空间的杂乱和时间的挤压。我的逻辑是：空间大了自然可以好好的收纳东西，东西收纳好了找东西自然会省时间，时间多了自然可以好好收纳东西，东西收纳好了空间自然就显得整，家里整齐有序了心情也会随着变好。

◎职场妈妈的抉择

不是所有人都具备了这四点基础——经济安全、心理安全、专业技能、危机公关，也不是所有想选择全职的妈妈都有全职的机会和条件。权衡考虑，量力而行！

◎孩子远比大人勇敢

原来不管我们长多大，我们拥有着多少种复杂的情感，我们都还拥有着婴儿般的逻辑和思维方式：如果你爱我，你理应对我好；如果我爱你，我就得讨好你；我用我想到的方式对你好，若你不买账，我会调整成你喜爱的方式；但你只能爱我一个，在我看来，你爱的和爱你的都是我的敌人。这些我们现在藏着掖着扭扭捏捏欲说还休的小心思，孩子们可以坦坦荡荡表达出来！

◎亲情是一场重复的辜负

爱，就这样通过肩上担子的增减与变化，更多地向下传递，更少地向上回馈。亲情，是一场又一场重复的辜负，或许所有家庭都是如此。

◎生活在异乡

原来这座城市，一直以来给我很多温暖与包容，只是我从未深思。我忙着抱怨，忙着不爽，却忘了即使换另一座城市依然要面对。冷与暖，好与坏，原本也只是自身的感。这座叫作北京的城市，虽是我的异乡，却是我儿的故乡，就凭这一点，我就愿意倾尽我的全部热情生活于此。

◎你把我看成世界上最珍贵的财富

我是你的妈妈，你把我看成世界上最珍贵的财富，你享受我能给你的每一天，但我只是一位普通的妈妈，我能给你的其实很有限，但你不仅不介意，还很珍惜我们之间的情感。你有了好吃的，愿意先给妈妈吃上一口；你有了好玩的，也马上拿来和妈妈分享。你随手摘的一朵小花，叠的一只小青蛙，在妈妈眼里比这世界的一切都珍贵。谢谢你宝贝，谢谢你让我成为你的

妈妈，让我有机会品味成为最爱的幸福。

◎我从来没有这么重要过

当妈的最初几个月，每次醒来都恍如隔世：这个一身奶腥味的小不点，他是哪里来的？我身上刀口、满床脱落的头发，以及被子上的奶渍都在告诉我，他从我这来。这个小东西改变我的身材相貌、生活作息、饮食习惯、思维方式，逼着我去丰富自己的知识面，逼着我去学会调整和控制情绪，甚至改变我的夫妻关系、职业前景。但上述这些加一起，却只是他对我的改造的1%，而其他的99%是他改变了我肩上的责任，让我变成了一名母亲——照顾教育Beta这件事上，我是唯一的第一候选人。我从来没有这么重要过。

◎来自外星的小怪物

随着孩子越来越大，他们的生活越来越趋于“成人化”，他们注定会渐渐地失去探索自己的兴趣。更多的能力因为已胜任，从“超能力”变成了普通能力。届时，他会到外面探索更大的空间，唤醒对世界更多的认知和感受，探索更大的“超能力”，我们的外星小怪物就这样完成了地球化的过程。

◎你的感受我都懂

孩子们都对再次相聚充满最真诚的期望、抱有最美好的幻想。这是孩子们的情感，比大人们更炽热、真诚，比大人们更深切、投入。看着怀中的Beta，我知道有朝一日，他也会经历这样的不舍，然后认真地希望和幻想着下一次。届时，我一定会拥他入怀，告诉他妈妈虽然已经没有你这般善感和炽热，但妈妈理解你的情感、羡慕你的感受。

◎关于断奶

Beta爸说，真正断不了这个奶的，不是Beta，不是Beta的睡眠，不是我的瞌睡，而是我的内心。是啊，哪个母亲忍心看孩子哭闹的可怜样。好吧，我虽视夜奶如仇敌，却真心进退两难，进很累，退却不舍。

◎对于早教的复杂情绪

这就是我复杂的情绪，一方面，我相信早教课对Beta社交的影响，也迷恋早教课对我体力的解放，不是哪里都有免费的冷风吹；另一方面，我真心担心过多的条条框框会影响孩子的开心和快乐，会影响他安全感的建立。

◎究竟是溺爱还是理解

曾经在网上看过这样的一个说法：什么样的养育方式反映的是为人父母者的价值观。就算看过再多的教育书籍，听过再多的育儿例子，我们也会根据自己的喜好来选择，选择记住那些我们愿意记住的，选择相信那些我们愿意相信的，选择学习那些我们心里认可的。而我略显放纵的方式，究竟是溺爱还是理解，我说不好，家人说不好，书上说不好，过来人也说不好。

◎他们从一开始就是独立的个体

从最初的完全拥有，到不完全拥有但完全控制，再到承认他是个独立的个体，最后承认他是个过客终究要离开自己。每个阶段都涉及角色的变换和心态的调整，从最初的保护伞到最温暖的陪伴，再到最理解最体贴的关怀，最后不得不看着他离开。孩子们长大了，妈妈们却老了。

◎宝宝治愈了我

从前给自己煲鸡汤的时候，我跟自己说，没有过不去的坎儿，没有翻不过的火焰山，就算眼前的时光使我们焦虑得就要冒起火来，也总有一天，这个火会灭掉。就算时间是一毫米、一毫米向前挨，也有迎来崭新一天的时候。现在再去回忆彼时的心情，却像是换了一世那么遥远。究竟是时间治愈了我，还是宝宝治愈了我，我不得而知。我只知道，Beta在他到来的这330天里，用他自己的方式驱散了我眼前的阴霾，撕碎了我内心的绝望，救赎了我，救赎了我们的家。

◎不爱吃饭的小孩

第一个方法是找个人和他一起吃，这个方法很奏效。这不是我的原创，可惜当初在育儿书看到的时候，这个方法并没引起我的注意。

◎隔代教育

不要妄想改变老人的想法和做法，我们能做的，就是坚持用自己认为对的方式对待孩子，且尽量不在孩子面前和老人有正面冲突。让孩子保有安全感，并按照自己的方式对待他，与其他家人求同存异。我尝试着照做，果然，当我不再干涉姥姥的做法，而是坚持多寻找时间和机会自己陪伴孩子后，整个家庭氛围都和谐了很多。求同存异，或许是解决隔代育儿观念差异的最好办法。

◎专治各种不服

俗话说：孩子就是来讨债的。Beta让我学习和最怕的动物相处，治好了

我的手机依赖症，最后还不得不忍受铁与瓷器碰撞发出的噪声。同时，他也让我更深刻地认识和调整自己、释怀了一直释怀不了的心理阴影，克制了一些总也克制不了的生活坏习惯，培养和锻炼了越来越强大的母爱。这个讨债的混小子帮我认识到自己的同时，还帮我改正了自身的毛病。这么看，我可得好好谢谢这位专治我各种不服的小债主了。

◎月子里面一定要吃好了

这是月子的规矩，不能洗澡不能吹风，不管室外温度几何都要坚持保暖，尽量平躺别乱动，千万不能出门。除此之外，仍有的一条规矩是：坚持以猪内脏、猪手脚和鸡肉、鸡蛋为主要食材。中心思想就都只有一条：月子里面一定要吃好了！

◎突然降临的小生命

对突然掉进怀里的小东西充满了敬畏和恐慌，心里总有一种“我比别人更没有准备好”的想法。总是担心自己技不如人，每天都把大量的闲暇时间放在育儿论坛，特别是育儿论坛里面的同龄圈。相同月龄的妈妈聚到一起，常常边抱怨小夜哭郎，边讲孩子爹的坏话，边思考婆媳关系，边研究宝宝的小嘴儿小屁股小身子——最近头发有点秃，是不是缺钙了？最近宝宝吐泡泡，是不是得吸入性肺炎了？

◎妈妈做辅食

首先，要有一本辅食书。图文并茂，讲解充分的那种。最好还能够按照月龄分好，多大的月份能吃些什么，应该怎么做。这不是临时抱佛脚用的

书，是平时勤学苦练用的教材。

◎一定要找位技术靠谱的通乳师

唯有一点，我总是不厌其烦的提醒孕妈：手头一定要有一名通乳师的电话，最好是朋友用过的，技术靠谱的，以备不时之需。

◎这些超赞的物件，走到哪里我都愿意推荐

“早该安个床围”，这是我惊吓过后的第一个想法。几百块钱，可以给床围上一圈，不但白天睡觉不怕掉、晚上睡觉也不怕翻了，没事还可以在床上玩一会，这是一笔性价比很高的投资，强烈推荐。果然，我家装过床围后，再也不用担心Beta会在夜里睡觉或者午睡的时候滚下床去了。孩子安全，大人也能睡个好觉。

◎宝宝周岁游

明年生日，我还要带Beta出行，就算只是仪式感也好，此般仪式也自有它的意义和价值。那时候Beta就完全是个大孩子了，可以脱离妈妈的怀抱，用自己的脚去行走，用自己的手去感受，用自己的眼去观察，用自己的脑去思考。参考鸡汤文的文艺表达法，我可以这样说：届时，他可以在旅途中感受各种各样的生活，进而在感受中学会辨别、思考和选择。

◎妈妈爱你的方式

每个大人的心里都住着一个小孩，那是童年的自己，带着没有被满足的需要，倔强地拒绝长大。这个内在的孩子会时不时的出来闹一下，来为自

己争取利益，这就是大人身上的那些不成熟、不理智的地方。但大多数的时候，这个心里的小孩被成年的大人所压抑着，直到大人有了自己的孩子，于是，大人心中压抑的那个孩子，就和自己的宝贝合体了。大人为眼前的孩子所做的、所想的，潜意识的层面是在满足自己心中的那个小孩。比如自己小时候需要疼爱，大人就会特别疼爱自己的孩子，这同时也是在疼爱心中住着的那个小时候的自己，自己小时候特别需要自由，就会过度地放纵自己的孩子。

◎孩子开始不听话

育儿书上说，一岁后的孩子，自我意识开始萌芽，开始通过反抗家长的权威和坚持自己的看法来判断自己是否有权利保持自我，这是个再正常不过的现象。

◎要不要二胎

妈妈终究会先你离开这个世界，妈妈不忍想象你一个人孤零零留在这个世界上的场景，但如果有个手足，在每一个你思念妈妈的深夜，总有另一个血脉至亲可以拥抱，可以互相安慰。再没有人会如他/她一般和你相像——共同的生活经历、相似的长相、相同的价值观……这些都会有意无意地提醒你，这个世界上曾有一个人，那么深切地爱你和爱他/她，现在那个人虽然离开了，却留下了如此相似的你们，可以在未来的人生中互相牵挂和留恋。

◎与宝宝分房而睡

你成为了你自己，不是妈妈的一部分了，妈妈感到的更多的是失落，更

多的是站在自己的感受角度。而今天，妈妈才真正明白，在你成为你之后，妈妈除了关心你的日常生活，更要学会与你对话，学会在意和尊重你的内心感受，学会帮你真正成为一个小小人，一个独立的个体。

◎一定要成为一个有梦想的孩子

希望你会是一个有梦想的孩子。有梦想才会有创造力，才会向着目标不停地努力。在你成长的路上，我跟爸爸一定会善待你的兴趣，一定会认真回答你每一个为什么，要用我们的耐心为你的头脑充满马力、保证它有足够的动力向前奔驰。

听妈妈们七嘴八舌

当妈最重要的是，扛得住情绪崩溃，熬得过岁月沧桑！

家有萌娃：

有了宝贝，生活不会变化很大，但是生活重心有了转移，每天看着他一天一个样子，心里开心极了，因为自己还年轻，又有了小宝贝，觉得自己当辣妈，好酷啊，哈哈哈！

囧囧：

当妈后身材变肥了，皮肤也不好了，被老公各种嫌弃啊！

豌豆小宝：

家里宝贝满一岁，每次我要出门老公就问，儿子谁带？儿子怎么办？我只能在宝宝睡觉的时候出门。老公就不一样了，随时随地抬腿就走。讲真的，我很想自由自在地跟闺蜜出去玩一天，但不可能的，孩子太小。自己的孩子要自己带，这点无可厚非。自从怀孕后就辞职在家，一直到现在，有时真是觉得浪费了大好年华。

樱花小乖：

跟老妈聊天的时候我说，其实家庭地位与经济收入还是有关系的，收入

高自然就有话语权。我妈不认可。但我还是深信不疑。老公上班经常熬夜，夜里宝宝总是动我也会醒，就是说有时候我们都缺觉。但是这种情况下，就要保证老公的睡眠质量，因为怕他休息不好影响工作。不知道是不是辞职太久，现在每天极度不自信，只会做家务，带宝宝。求鼓励，有跟我一样家庭主妇走出去的吗？

江南爱恋：

都是婆婆帮宝宝洗衣服，可是婆婆洗的衣服有时晾干了后看着黄黄的，好多次都这样，我就忍不住跟婆婆说洗衣服的时候好好洗洗，可是说了也是徒劳。最过分的是婆婆居然把宝宝要洗的衣服和浴巾放到卫生间的马桶上，真是有点不能容忍的，为什么会那么不卫生呢？

可爱糖果：

又到睡觉时间，宝宝刚睡，静静地躺在宝宝身边，看着宝宝睡着，想起了宝宝来到这个世界时的哭声，时间过得真快，生宝宝那时的恐惧，痛苦，幸福，全过程都好像才发生了一样，这段时间多数时候自己带宝宝，可也不觉得累，更多的是快乐和幸福，宝贝，感谢你来做妈妈的女儿，爱你。

一颗红豆：

身体不舒服好几天了，老是呕吐，浑身无力，没人关心，想吃药，可宝宝还吃着奶，不敢吃，没人关心，自己一个人带着宝宝躺在床上，心里有点不是滋味。

弦子的天真：

宝宝长牙顺序不正常，今天才发现，有点担心，明天去医院看看，自己当妈了才真正体会到“养儿方知父母恩”这句话，感觉整个人一下子什么都

看不到，眼里心里就只有宝宝，还有远方的父母，不知道这样是不是活得太没有自我了？

大脸妹：

这几天真心累，不过回到家看到宝贝灿烂的笑容一下子就像打了鸡血一样，宝宝躺在怀里吃奶更是幸福满满，宝妈们，有木有？

一个人的小忧伤：

别人还在睡觉我就起床去练车，练完车回来接着带孩子，人影也不见一个，这是把我当超人吗？

牛奶咖啡：

今天母爱泛滥啦，在楼下看到一个小姑娘背着大书包摔了一跤，好心疼。

彼岸花：

说到泡牛奶，一天到晚，24小时得给他泡啊，几个月大的时候，频率是1~2个小时一次，特别是晚上，往往要喝4~6次奶粉，当你好不容易把他哄睡了自己也想美美地睡一觉了，不到两小时，铁定被哇哇的哭声闹醒，乖乖地起来泡牛奶，泡好了往小嘴巴里一塞，额，吧唧吧唧喝完了，小眼睛也眯上了，美美地继续睡了，我收拾完赶紧补下睡眠吧，然后大概两个小时左右~~~~熟悉可爱的哭声又开始了……省略N字。

下一站守候：

我们是早产，因为提前见红。早产儿，黄疸也高，二十多天才退，而且臀位宝宝斜颈率很高，赶紧咨询医生，都说发现得早，按摩，热敷就可以了，

就是费功夫。所以怀孕期间一定要做好准备，孩子生下来，有任何不适，都很揪心！我出院，孩子住院烤蓝光，每天我站在窗口望，都快抑郁了。

莫忘初心：

以前以为生完孩子，婆婆带，我也就喂喂奶就没事了，其时，真的没有那么简单。换尿布，陪他玩，跟他讲话，给他拍照，还有因为爱他，我的时间不舍得用在其他地方，就算孩子睡着了，我也能盯着看好久。

萌得无可救药：

这年头当妈真不易啊！妈妈生，妈妈养，爸爸回家就上网。孩他爹潇洒的跟单身小伙似的，孩子他妈头发每天乱的跟打仗似的，上个厕所耳朵竖得跟雷达似的，给娃买东西跟不要钱似的，带娃出门就跟搬家似的，头发掉得跟案发现场似的，

睡个懒觉就跟过年似的，智商低得跟个鸭蛋似的，高跟鞋纯粹跟摆设似的，孩子出点问题自己就跟罪犯似的。

昔年旧事：

满心欢喜地迎来了你，却发现还是你在我肚子里的时候最好过。那时我想去哪里就去哪里，想啥时候睡觉就啥时候睡觉，想睡到多晚就睡到多晚。可是现在我每隔两个小时要起来一次。你睡不好的时候我也睡不好，你睡得很香我又很害怕，时不时要起来去试试你的鼻息，现在想来那时我多傻。

简单的美好：

儿子出生那天，我躺在产床上，接生的医生告诉我你儿子肯定很爱哭。后来每次遇见那位医生我都会告诉她，你说得真准!我儿子自打出我肚子以后就没有给我一天安生日子过，白天不开心哭!晚上不开心，哭!睡着了不开心，哭!我的祖宗，麻烦你不要再哭了，因为我已经快疯了！

浅时光：

本以为生完了孩子我就不用再疼了，谁知剖腹产伤口刚不疼了，乳头又疼痛难忍，有时真想大哭一顿，问问苍天怎么当个妈就这么不容易啊！

棉花糖的微笑：

我相信这个也是所有爹妈担心的一个问题。疫苗怎么就那么多问题呢?我每次带儿子去打疫苗的时候都会挣扎好久，到底是打呢，还是不打呢?打又害怕是假疫苗，不打又害怕万一遇到突发疾病，对于疫苗这个问题，真是很头疼。

小迷糊：

话说儿子第一次生病真的是把我吓得够呛，儿子刚满六个月的一天晚上，一直睡的很沉，也不太吃奶，不太爱笑。一摸额头，我意识到糟了，体温计一量，39.5度，老公当时外地出差，毫无经验的我只好立马穿衣送医院，给输了两天液，这两天可以说是针针都扎在我的心上啊!儿子妈妈希望你永远健康!

仰望星空：

儿子说话比较早，11个月多的时候会叫妈妈，当听见他叫第一次的时候，我以为是听错了，只是他在玩得不经意时发出了妈妈的音，当听见他第二次叫的时候，我才意识到原来真的是在叫我，哈哈!我辛苦养的儿子终于会叫妈了!眼泪哗啦啦啊!

淡紫色的梦：

我的儿子他会走路了，就在今天，他会走路了，这真是美好的一天啊!我期待了那么久，终于儿子自己可以勇敢地迈出自己的步伐。真的是儿子走路

一小步，老妈心中一大步啊!

皇冠不会掉：

希望生完孩子的我不会是村妇，只能靠丈夫，就知哄孩子。现在的女生更应该有事业，有社交圈字，除了哄孩子，要学会挣钱，会养生，会开车，会充实自己，会点评电影，会规划自由行，会烹饪，会滑雪，偶尔参加个party。

铃儿叮当：

有一次我自己带娃周边游，景区里逛到一半，5岁的微胖小子说妈妈我肚子疼，走不动了。我背上背着包，前面抱着娃，有点下雨了还硬是腾出一只手来撑伞，真是一步一挪出了景区，等坐到车里，觉得俩胳膊全脱力了哈哈。

我是女汉子：

现在的妈大多都是独生子，以前在家都是什么都不用操心的，现在能做的都是逼出来的，是成长的过程。只有那些娇了吧唧，两手一摊有公主病的最最讨厌~

水晶眼泪：

我家宝贝前10个月不坐推车的，更不坐腰蹬，然而我们家仨月就快20斤了，6个月24斤好像……春夏的时候每天抱着20多斤的孩子到处玩~~喔喔~~想起来也没有多累。我太容易忘记……

落寞年华：

怀孕的时候就不迁就我，生了孩子更是雪上加霜了，很后悔要这个孩子，但是孩子很可爱。我36剖的孩子，第二天就可以吃粥了，晚上他在医院

给我买的粥，因为要下班了，也不是新粥，可能也不太热，我又打电话耽误了一会，吃的时候我就说凉，他说，那你怨谁呀，也没给我再买或回家做，最后我姐让我爸给我做点粥拿来了。剖的第二三天我上完厕所，让他给我倒点热水洗手，都很不耐烦地说，那不是有水吗——凉水。做月子的时候是他伺候的我，每天做3顿饭，剩菜剩饭就放厨房，让我饿了自己热。月子里的衣服都是我自己洗的。月子里哭过无数次，差点得了产后忧郁症。月子里的伤心事太多太多，只怪自己当时太年轻，没有看对人。

亲亲宝贝：

全职了，娃小我就没吃过正点饭，而且大部分都是老公做，我做的娃不喜欢吃，我也不喜欢哈哈，不过我试着来，时间久了，厨艺变得好好，没有夸张哦。我周围的人都觉得对于黑暗料理的我真的是大反转啊～

爱过那张脸：

谁让我是事儿事儿又矫情的处女座，感觉谁都没有我弄得好，各种挑剔别人啊。所以所有事都亲力亲为，带宝宝那段时间真的是累死了。但是现在看，也不记得有多累，反而挺开心的每天。

来自猩猩的你：

我是个单亲妈妈，想想单亲妈妈是真心的不容易，每次看到别人妈妈带孩子从容不迫，好优雅，就觉得自己带孩子简直手忙脚乱，狼狈不堪，整一个挫比~~严肃脸~`

开心小丸子：

儿子吃辅食比较早，可是我们没有中规中矩地按照书上的步骤走，书上会说先添加鸡蛋黄，在我印象中儿子好像只要一吃蛋黄就会不舒服，所以我

放弃了。开始的时候我会给他煮一些萝卜水，蔬菜水，渐渐的就是果蔬泥，最困难的是给他吃鱼，每次炖好鱼汤，先用纱布将汤过滤一下，然后把刺剔除，每次的工序都是超麻烦，可是我却很乐意，只因我的儿子爱吃鱼!

小跑幸福：

儿子是差不多八个月的时候长牙的，之前一直流口水，每天要换三四次围兜，衣服都是口水打湿的。(再此我建议给位爸妈，宝宝再可爱也不要去捏他的脸，因为捏了真的很容易流口水。)最初意识到儿子快长牙了是因为他吃奶的时候老是咬我，当他张开小嘴的时候，下面门牙的牙龈上白白的，我意识应该快出来了，于是每天进行观察，终于在我的期盼中下面两颗门牙出来了。无比激动啊！

晴天小猪：

我是在我儿子七个月的时候开始出来工作的，但是出来工作以后我也不是很想给他断奶。第一营养很重要，第二是不想过早地割断我和他的联系纽带。所以我选择了备奶，准备小冰袋，吸奶器，奶袋，隔几个小时往厕所里面跑，各种挤啊，然后小心翼翼地放进袋子装好，冰袋里冰起来，只为了让我亲爱的儿子可以喝到一口放心的亲妈奶!

止于终老，始于初见：

开始因为带孩子的问题整天吵架，离婚的心都有了，后来宝宝大点了就好多了！婚前还是不要对对方有太多期待。

柠檬菇凉：

带着娃出门，抱着30斤的娃，肩膀上、胳膊上还挂了4个包，算厉害吗？哈哈哈，习惯就好呢！

青春还在吗：

上有老下有小，80后妈妈夹在中间累弯了腰——谁让咱们都是累并快乐着，能守得住家人，看得到宝宝的笑颜，做啥都值！

海绵宝宝：

以前四体不勤、五谷不分的文静姐妹，能精准说出时令蔬菜的营养价值!!!

天然呆：

新妈妈一个，做完月子就自己带孩子了，才带了一个星期吧，就觉得各种心力憔悴各种累，心里真像一万只草泥马呼啸而过啊。

相依相偎：

小屁孩平均一晚上醒两次，醒了就喂喂奶，喂完奶她不睡啊，放旁边了各种哼哼唧唧，翻来覆去。我就得保持十二万分的精神时不时看她一下，怕她闷着，怕她掀被子。她稍微有点不爽了就开始哭，不理她的话就一直声音往上提，哭到自己最后都喘不过气来了，自己也看着心疼，抱起来在屋里面转悠啊，哄啊，好不容易她睡着了，可是一放下吧，又醒了。现在都这么冷了，谁愿意大半夜老这么搞啊，基本一晚上都是半清醒着，根本没有睡好过，导致整天恍恍惚惚的。一想到小孩晚上一直都得这样都一两岁，我想屎的心都有了。让我先难过会儿。

岁月安好：

买了个安抚奶嘴，这两天才用上，不然他老是吸着乳头，不给吸就哭，也是我们大人惯的毛病。安抚奶嘴一吸就是半个多钟头直到她睡着了给她拿了，也着实减轻了我不少负担呢。

做自己的小太阳：

这个天气也就4、5度吧，怕她冷，老给她包得一层层的，只要稍微一吹了点风她就开始打嗝，导致现在一点也不敢让她凉着，在屋里空调开着，进厕所浴霸开着，可是昨天 我发现她一头的跟痱子一样的红疹子。脸上也有长的趋势，是热着了？

人生若只如初见：

孩子入园以前很辛苦却没人体谅，公婆还指手划脚。几次冷战差点离婚。孩子大了后慢慢变好。但肯定回不到最初。

朵安妈妈：

婆婆抱孩子总是各种抖，没睡着抖，睡着了抖，吃奶粉抖，哭的时候抖，不哭的时候还抖。我只能旁敲侧击说下别抖得那么频繁，可是抖啊抖啊，还是抖。我是不喜欢抖小孩子的，一怕她养成习惯，以后都得抖着睡；二怕小孩子还太小，抖多了怕是对她不好。各种纠结，她一哭了你抖抖她还真不哭了。我头疼。

时间煮雨：

周末早晨4点多，孩子闹，我跟我老公说，你看着孩子，我要睡觉，他就去哄孩子了，我继续睡觉。有时你把孩子扔给他爹一天，除了喂奶什么都不管，让他体验一把，不要站着说话不腰疼。

长发已及腰：

怀孕的时候老公对我都百依百顺，但生孩子后我们关系变差了。一是婆婆来了，老公什么都不管，被婆婆惯得醋瓶倒了都不扶。再一个是养孩子太忙碌了，交流时间变少了。不知道该怎么办？

爱你是我的必修课：

没孩子时，老公和我以前睡觉搂着睡，现在有娃了睡觉背对背，以前逛街手拉手，现在你前我后各向走，以前上班打无数电话，发无数信息，现在信息没一条，打一个电话一分钟都是多余。没生孩子老婆第一，生了孩子老婆是编外了。哎！

爱情微凉：

我妈在他什么家务活都干，还老是嫌我和我妈这没做好那没做好，有时候真感觉与他形容陌路，无法沟通了。

趴在窗边数星星：

老公翘着个腿看电视、玩。自己要喂奶还得煮饭。呜呜，极度不平衡。

烟花易冷：

生孩子后跟老公感情没怎么变化，但是我们“分居”啦……宝爸上班忙，瞌睡轻，属于吵醒就一晚上睡不着的人……

他的温柔依旧在：

生前生后都挺好的，怀孕后就在家全职了，现在一个人在家带孩子，老公要顾生意，晚上回家一起和孩子玩玩，周末一起去逛街，生孩子后公婆来帮着带了两个月，简直是天堂。什么都不用做，哈哈目前一切和谐。感觉生完宝宝后老公更爱我了，而且生活也更甜蜜了。

待你如初：

刚生完孩子那一个月看啥不顺眼，老公就像是憋屈的小媳妇，搞到最后我都不好意思了。

尘埃：

结婚时两人因为彩礼闹得很不开心,但是意外怀孕了,当时想把小孩拿掉但舍不得。直到快生了,他对我越来越好了,去哪里都要叮嘱不要自己坐公交车,要么他送要么叫大哥送。剖腹产后医生把女儿抱给他时,整整几天都笑得嘴巴没合拢,而且日夜在医院照顾,把婆婆和妈妈都赶回家去了。现在对我是越来越好了,我们之间的芥蒂也慢慢解开。感恩感恩，相信我们会越来越好。

爱笑的妹纸运气不会差：

我自己带孩子，还要做家务，忙得没时间留给我们二人世界，没空聊天，没空沟通。然后总是吵架。后来从书上和网络了解到了好多。开始留出时间来，不管晚上多晚，都坚持陪他一起吃饭聊天，沟通后感情越来越好，越来越深。夫妻真的是要多沟通，多了解对方的想法，才能促进感情。

缘分天空：

早教班里有个女宝宝，她妈妈几乎是算单亲妈妈了，人家能赚钱，能带娃，宝宝每天都是美美的。真心厉害！好羡慕。

卖萌嘟嘴剪刀手：

我生的女儿。婆婆压根没打算过来帮我。一直都是我妈帮我带。夫妻两感情还行。老公像以前一样很疼我。

我心向阳：

老公长期不能照顾家里，每周最多能回来待一天晚上，家里从来都是我和婆婆，之前为了孩子的事长期吵架，最近我开始上班了好些了，但是从内心来说，对老公是失望了，觉得嫁给他就是因为他对我好，但是在我真正需要他的时候，他没有顾虑我的感受，至少没有让我从内心找到安全感。

夏末：

胖成猪了老公还是说我很漂亮，实际丑多了。但是家里多了个宝宝就跟多了个第三者一样，天天围着孩子转，没有二人的亲密时间了。

念念不忘：

第一胎时没感觉。第二胎感觉变好了，以前可以生气不理他、回娘家，现在孩子太多，只得忍一忍，夫妻双方离了谁都不行，气头一过其实也没什么，都是鸡毛蒜皮啦!

高调大婶儿：

我自己是辞职生孩子的，孩子吧生了，可是怎么撇开孩子出去挣钱呢。小孩要吃奶，各种拖油瓶啊。从小爸爸教育我要独立啊，嫁人了也得经济独立啊，我也想出去挣钱啊。

心有执念：

总是蓬头垢面带着孩子，看着电视，煮煮饭，等老公。这么悲催的日子我还是很痛恨的。新青年啊，要上进!

若米团子：

为了当个合格的奶牛，那不放盐的猪蹄汤我捏着鼻子，一喝一大盆，我的身体被催奶汤催成个肿包子了，可奶水却不见涨，我顾不得身材四处打探秘方，更不惜喝中草药。可是最终纯母乳喂养没成功还是成了我终身的遗憾。

妖孽范儿：

我从一个职场精英变成一个柴米油盐的老妈子，我从一个谈吐不俗的女

子变成了一个娃长娃短的贴身保姆。生完你后，除了名字是我的，全身上下没一个地方是我的。胸部成了区分前后的标志，小腹成了不买昂贵衣服的理由……

玛丽莲萌兔：

虽然我嘴上说打死都不想在生二胎，但是为了给你一个伴，我还在悄悄地计划着。因为我虽付出了十倍百倍的努力，却也得到了千倍万倍的满足。而且我觉得当妈是令我最自豪的事，生你是我最正确的选择，虽辛酸不已却此生无悔……

吃货万万岁：

自从当了妈,手机里,电脑里全都是娃娃的照片,微信,QQ空间也全记录着一起成长的点点滴滴,娃娃从一个吃了睡,睡了吃的新生儿,转眼就成了上窜下跳小淘气,看着她每天快乐健康地长大,所有的辛苦似乎都算不了什么,满满都是对她的爱,每时每刻都被她萌化掉~~当妈辛苦,但也乐在其中,做好快乐幸福的妈妈~~